做个有气质有品位受欢迎的女人

朱 红/编著

ZuoGe YouQiZhi YouPinWei ShouHuanYing De NüRen

中国纺织出版社

内 容 提 要

女人的幸福需要自己成全，一个平庸无奇、缺乏亮点、举止粗鲁、品位低下的女人，一个在人际交往中情商低下、不受欢迎的女人，只能与幸福港湾南辕北辙。如今的女性应该对自己有更高的要求和更多美好的憧憬，并不断提升自己的幸福指数。

本书是为女性读者量身打造的魅力修炼读本、品位提升宝典和交际策略应用指南。书中语言轻松睿智，剖析层层深入，以上、中、下三篇的形式全面地介绍了提升女性人气的方法和技巧，是女人修炼自身魅力、打造非凡品位、掌握处世技巧的实用读本，旨在帮助女性读者增添亮丽的资本，收获如意的人生。

图书在版编目(CIP)数据

做个有气质有品位受欢迎的女人 / 朱红编著.--北京:中国纺织出版社,2017.5

ISBN 978-7-5180-3253-2

Ⅰ.①做… Ⅱ.①朱… Ⅲ.①女性—气质—通俗读物 Ⅳ.①B848.1-49

中国版本图书馆 CIP 数据核字(2017)第 019305 号

策划编辑:闫星　　责任印制:储志伟

中国纺织出版社出版发行

地址:北京市朝阳区百子湾东里 A407 号楼　邮政编码:100124

销售电话:010—67004422　传真:010—87155801

http://www.c-textilep.com

E-mail:faxing@c-textilep.com

三河市宏盛印务有限公司印刷　各地新华书店经销

中国纺织出版社天猫旗舰店

官方微博 http://weibo.com/2119887771

2017 年 5 月第 1 版第 1 次印刷

开本:710×1000　1/16　印张:17

字数:240 千字　定价:36.80 元

序言

Preface

对于每一个女人来说，无论自己漂亮与否，都希望自己是有气质的。当你隆重地亮相在人们面前，如果无人喝彩，那岂不是一件很难堪的事情。所以，学会做一个气质女人吧，气质比美丽的容颜更持久、更迷人。一个女人的气质是从内而外散发出来的，也许是高雅的仪态，也许是不俗的谈吐，也许是优雅的举止。那极其耀眼的光芒笼罩着她的全身，使她成为全场最闪亮的焦点。气质女人，总是怀着一颗热忱的心，她热爱生活，无拘无束，随心所欲但并不漫不经心；气质女人，一举手一投足都有一种无尽的魅力，她是男人生活中的一道风景；气质女人，质朴自然，不事雕琢，富有个性却不张扬，静静地释放着自己的美丽；气质女人，内敛细腻，善解人意，家庭是她的人生乐趣，职场更是她的自由乐园；气质女人，古典而又浪漫，仿佛她来到这个世界，只是为了做一个女人。

女人不仅仅需要耀眼的美丽，还需要不俗的品位，这是一个女人明显的特质。女人的美丽有很多种，也许是清丽的五官，也许是曼妙的曲线，也许是真实的自我，但在她身上有一种不能忽视的美丽，那就是品位。女人的品位是一种持久而婉约的美丽，好似抽象却又无处不在，就像春天里那无法拒绝的香草气息，像夏天里难以抗拒的诱惑味道。女人的品位是其个性的自然流露，就如同一阵撩人的微风，无比真实却又令人遐想。有品位的女人，总是展现着最真实的自我，不伪装，不做作，真实就是她们最大的特点，也是最美丽的诱惑。品位是女人那娴静之味，淑然之气，暗香浮动轻袭人的幽雅。

女人还需要受欢迎，一个有气质、有品位的女人假如不被人们所欣赏，那么，她就如同花瓶，只是个摆设而没有展现出自己的价值。受欢迎的女人，总是完美地演绎着自己的不同角色，游刃有余、应对自如。在父母面前，她是孝顺的女儿，贴心的小棉袄；在恋人或老公面前，她是亲密的爱人，贤淑的妻子；在闺密面前，她是可以倾诉的知己，是可以一起聊天逛街的密友；在同事面前，她是聪明伶俐、认真工作的办公室女郎；在社交场所，她是受人欢迎、受人尊重的气质女人。

女人需要有气质有品位受欢迎，才可以称为完美的女人。每个女人都渴望自己有气质，每个女人都希望提升自己的品位，每个女人都梦想着自己能成为社交场上的女主角。本书从气质是如何练就的、品位是怎么样提升的、女人如何才能够受欢迎三个方面来论述如何成为一个完美的女人。

简单而淡雅的语言，就像是与你聊天的一位朋友，让你毫无负担地接受所有的建议，成就你的梦想。如果你还在为自己没有气质而发愁，如果你还在担忧自己不够有品位，如果你还在担心自己不受欢迎，那么，你一定要把这本书带回家。所有的法宝都在这里，它会逐渐把你练就成一个有气质有品位受欢迎的聪明女人。

编著者

2016 年 1 月

目录

Contents

上篇：气质优雅，做魅力不凡的聪明女人

中篇：风姿绰约，做品位出众的聪明女人

目录

下篇：提高情商，做人见人爱的聪明女人

※上篇※

气质优雅，做魅力不凡的聪明女人

岁月流逝，可能女人的青春已经不在了，女人的美丽也消失殆尽了，但是能够留住女人魅力的是其优雅的气质。气质优雅的女人是美丽的，她们宛如清纯的兰花，时时散发出耐人寻味的缕缕清香。有人说，女人是水，女人是花，但上帝赐予了女人不同的角色，伟大的母亲，贤淑的妻子，孝顺的女儿。其实，能够做一个女人是女性的骄傲，如果能做一个气质优雅的女人，更是女性至善至美的境界。气质优雅的女人，她们总是孜孜不倦地追求着，总是刻苦认真地探索着；气质优雅的女人，她们能够沉着冷静地面对各种繁杂的事情，并且把事情处理得有条不紊；气质优雅的女人，她们能在平淡的生活中演绎出一首和谐的交响乐。

第一章

俏丽女人，打造完美形象

做一个魅力女人，并不是一个遥不可及的梦，它体现在我们生活的每一个细节之中。魅力女人，她有着精致的面部装扮，适宜的发型，得体大方的服饰，婀娜多姿的身段。因此，要想做一个魅力女人，首先就得学会打造完美的形象。女人，要学会呵护自己的肌肤，让肌肤看起来吹弹可破般娇嫩白皙；女人，要学会为自己的面子锦上添花，适当的妆容会掩盖你皮肤的缺陷；女人，要学会保护自己的双手，指如削葱、十指纤纤的玉手才能为你打造不一样的优雅；女人，还要学会装扮自己，得体大方的服饰才能够尽显自己的魅力。一个魅力的女人，要有美丽的外表和合适的妆容；如果你与美丽无缘，也不要灰心丧气，你也可以通过自己的打造，使自己变成一个有魅力的俏佳人。

做足“面子工程”不可大意

每一个女人都渴望拥有娇嫩白皙的肌肤，即便不施粉黛，也依然如朝霞映雪。女人给人的第一印象就是那张脸，这时你的面部肌肤情况将在很大程度上影响你的个人魅力。纵然你有着婀娜多姿的身段，时尚新潮的装束，但脸上却是处处“斑点”，甚至眼角处还隐隐显露出鱼尾纹，这无疑会让人感觉美中不足。女人爱美是天性，特别是对于自己明晰可见的肌肤更是在意。因为对于每一个女人来说，她们的“面子”都十分重要。相信每一个女人都会或多或少地有一些护肤心得，护肤是女性永远的话题，皮肤暗黄、干燥、长斑是所有女人所不愿的。而有的女人正是靠着正确的“护肤”方法才打造出了自己那“白里透红、吹弹可破、滑腻似酥”的冰肌玉肤。因此，做一个有魅力的女人，首先得把自己的“面子工程”做足，掌握一些护肤方法，才能打造自己完美的外在形象。

护肤在现代社会逐渐成为一门学问，对女人来说，护肤包括了多方面多角度的内容，不仅包括肌肤的保湿、美白、抗衰老等，还包括解决皮肤的一系列问题，比如祛痘、祛斑。下面我们就简单地介绍一些安全高效的护肤方法，希望对那些正在被皮肤问题所困扰的女性朋友有所帮助。

1.洁面

洁面也就是我们经常所说的洗脸，也许很多女人会觉得洗脸有什么可学的，每个人都会洗脸。但是，如果你洗脸的步骤和方法不对，也会对肌肤造成大的伤害。很多女人正是因为不讲究正确的洗脸方法，致使自己的面部肌肤越来越粗糙，越来越没有光泽。其实，洗脸也是一门学问，下面介绍正确洗脸的步骤。

(1)用温水润湿脸部。其实，洗脸所选用的水温是十分重要的。有的女人直接用冷水洗脸；还有的女人觉得要去掉脸上的油垢，就用很热的水来洗脸。这些都是错误的方法，正确的方法是用温水。因为温水能够保证毛孔充分张开，还能保证皮肤的天然保湿油不会过分丢失。

（2）使用适合自己的洁面乳。要依据你的肤质选择适合自己的洁面乳，而且尽可能地选择那些刺激性较小、天然的温和性洁面乳。无论用什么样的洁面乳，所用的量都不宜过多，面积有五分硬币大小即可。在脸上涂抹之前，一定要先把洁面乳在手心充分打起泡沫，泡沫越多越好，这是很重要的一步。如果洁面乳没有足够多的泡沫，不但达不到清洁皮肤的效果，还会残留在毛孔里引起青春痘。

把洁面乳涂抹在脸上以后要轻轻地按摩，不要太用力，以免产生皱纹，大约按摩15下即可。之后，用温水清洗掉脸上的洁面乳，再用湿润的毛巾轻轻地在脸上按。清洗完毕之后还需要对着镜子检查脸上是否还有残留的洁面乳。

（3）用冷水撩洗脸部。最后，用双手捧起冷水撩洗脸部约20下，同时用蘸了凉水的毛巾轻敷脸部。这样做可以收紧毛孔，同时还能促进血液循环。这样就完成了整个洗脸的过程。不要每天频繁地洗脸，这样会使皮肤变得干燥。上述洗脸方法很有效果，比如防皱、美白，但需要长时间坚持。

2.保湿

保湿就是滋润角质层，使皮肤充盈以淡化面部细小皱纹。做好保湿工作，不仅要使用一些保湿产品，还需要每天补充足够的水分，身体缺水皮肤也会变得干燥。除此之外，每天还需要吃些水果，才能够使皮肤变得水盈盈的。应选择适合自己肤质的保湿品，肌肤才会变得滋润，这就是水油平衡的结果。干性皮肤在冬天时应选用含油的保湿产品；油性皮肤在夏天时应该选用没有油分的补水产品。

如果是经常在户外工作的女性朋友，更需要注意肌肤的保湿，除了使用高效保湿的护肤品外，还可以准备一个小水壶，随时随地补充身体内的水分。

3.美白

在实施自己的美白计划时，最好不要使用化妆品来达到美白的效果，可以通过吃一些有美白功效的食物进行美白，还可以兼用一些天然的美白“护肤品”。美丽总是由内而外的，饮食也是美白链条中不可或缺的一环。你可以在平时的生活中，多吃一些富含维生素C、蛋白质、矿物质、维生素A的蔬菜和水果，如柠檬、银耳等。

使用一些纯天然的美白"护肤品"进行美白有如下方法。用蛋清去死皮:把蛋清涂在皮肤上,可以溶掉死皮,等蛋清干后用温水洗去,死皮脱去,会使人容光焕发。乳酪洁肤霜:把一匙乳酪与一匙柠檬汁混合后涂在脸上,待上十几分钟,然后用热水洗净,再搽上紧肤水及润肤品,肌肤也会变白。另外,还需要注意做好防晒工作,即便在阴天出门,也要擦防晒霜。

如果能按照以上这些护肤常识去呵护自己的肌肤,长久地坚持下去,就一定能铸造自己完美的肌肤。

魅力女人,"妆"出美丽

并不是所有的女人都天生丽质,绝大多数女人的五官或多或少都有一些瑕疵,有可能是皮肤暗黄,也有可能是眼睛不够大。不过,不用担心,不必懊恼,女人的美丽是"妆"出来的,那就是"化妆"。化妆作为一门"美"的艺术,已经越来越受到女性朋友的喜欢。化妆并不是为了与别人攀比,而是为了让自己变得更加美丽,散发出更多的自信。所以,只要每个女人善于去学习,善于去尝试,就能够创造出属于自己的独特美丽。

女人适当地化妆,不仅可以展现自己的美丽,也是对别人的一种尊重。也许,很多女人都对化妆有或多或少的了解,甚至有的女人天生就是一个化妆大师,会创造出与众不同的美丽。在时尚潮流涌进的今天,被称为"彩妆"的妆容受到了女性朋友的青睐。彩妆就是利用化妆品在面部进行修饰,"扬长避短"以达到美化五官的效果,与一般的化妆有所区别的是,彩妆通常是采用粉底、蜜粉、口红、眼影、胭脂等有颜色的化妆品,以改变自己的形象,使自己的脸更漂亮,更引人注目。对于女人来说,在日常的一些社交生活中会不可避免地需要"彩妆"这样艳丽的妆容。下面我们就简单地介绍一下彩妆的步骤、技巧以及一些在化妆过程中需要注意的问题。

1.彩妆的步骤

彩妆的最理想效果就是,脸上根本看不见化妆的痕迹,却明亮动人,呈现出女性特有的或温柔或浪漫或狂野的个性风格。

在上妆之前,需要确定脸型修饰及眉型,同时还需要决定粉底的颜色。选择有光泽或无光泽粉底的主要依据是每个人的肤质:因为油性肌肤容易出油造成脱妆,所以油性肌肤应使用无光泽的粉底,干性肌肤则使用有光泽的粉底。

(1)用粉底修饰脸型。可以使用明、暗色来呈现或宽或窄的效果来修饰肤色和脸型。如果你的两颊过宽或者颧骨过宽都可以使用深色的粉底来修饰;如果你的额头较窄、颧骨扁平或者下巴较短,则可以用白色或亮色的粉底来修饰。但是,为了呈现出均匀、柔和的粉底效果,最好用柔软的海绵来擦匀粉底,这样效果会更突出。

(2)上粉。选择粉底的颜色必须最接近肤色,标准的粉底在上完妆后,脸部肌肤的颜色应该与颈部的肤色相同,这才显得最自然。上粉应该用粉刷沾粉再自脸部上方至下方、由里到外的顺序刷上,最好使用有过滤蜜网的蜜粉,可避免沾上过多的粉,使脸上的粉妆浓、淡、厚、薄均匀。如果需要外出,就有可能出现补妆的情况,携带一些多用途的水粉饼最为方便,因为它兼具粉底和蜜粉的功能。

(3)腮红。一些肤色漂亮的女性,如白里透红的肤色,则上任何色系的彩妆效果都好;如果脸色比较苍白,则适合上寒色系的彩妆。选出合适色系的腮红刷上眼睑,连接至颧骨、脸颊处,位置约在眼下两指及鼻翼两指的位置,由下往上刷。每次使用时腮红量要少,可多刷几次直至效果完美。像一些比较丰润的脸颊,则可以在上粉底时先在颧骨下方淡淡上些深肤色的粉底,这样就会使脸部看起来比较立体。

(4)画眉。眉笔的颜色需要选择与自己眉毛颜色最接近的,一般来说,东方人的眉毛通常为棕色或灰色。在画眉之前,必须对自己的眉毛进行修饰,将眉型以外的眉毛,如两眉之间、眉峰下方及眉峰过厚部分拔除。画眉的时候,可以采取两种简单的方法:一是用眉笔顺着眉型刷出来;一是使用眉色粉,以眉刷沾上眉粉刷出眉型,这两种方法都能够使眉型看起来很自然。

(5)眼影。画眼影是彩妆中最具有挑战性,也是最富有变化性的步骤了。这就需要你将不同的色彩组合在一起,呈现出抽象、梦幻、多样化的眼影色彩来。眼影色彩的搭配不同于我们的服饰搭配,它完全不受任何限制。

眼影的画法有很多种，我们这里就简单地介绍一种，即渐层法：这是最简单的一种方法，使用同一色彩以不同的深、浅，自眼睑下方至上方、由深至浅渐次画上，可以塑造出深邃眼睛的效果。

(6)眼线。眼线也有多种画法：以液状眼线笔画出，可持久而不会晕开，这比较适合浓妆；以眼线笔画出，自然但容易晕开；也可以在眼睑上用最深色眼影画出眼线效果。

(7)唇。唇是整张脸的焦点，画出娇艳欲滴的唇型，就会有一种一切尽在不言中的美感。以较唇的颜色更深一号的唇线笔画出唇的轮廓，再以唇笔将唇膏涂匀，使唇型更立体、丰润。

2.彩妆技巧

在彩妆中，要使粉底紧贴肌肤，方法很简单，那就是只要先把微湿的化妆海绵放到冰箱里，几分钟后，再把冰凉的海绵拍在抹好粉底的肌肤上即可达到预期效果；在使用眉笔的时候，先用眉笔在手背上涂上颜色，再用眉刷蘸上颜色，均匀地扫在眉毛上，就会呈现自然柔和的效果。化妆完毕，从离开面部一手臂的距离往脸上喷上保湿水，可以让美丽妆容更加持久。

3.注意事项

化妆的工具必须保持清洁，可以使用性质温和的洗发水来清洗化妆刷；当彩妆完成后，不要佩戴眼镜，这会影响化妆效果；另外，层次分明的眼影和适合的眉型可以起到修饰面容的作用。

呵护双手，女人的“第二张脸”

手是女人的第二张脸，每一个爱美的女人都想拥有一双“十指不沾阳春水”的纤纤玉手。但是，现实生活中的都市女性，不得不每天因为洗脸、洗碗、洗衣服、做清洁而接触到很多含有化学成分的洗涤用品。面对这些损害玉手的化学产品，也许很多女人会想到戴着手套干活，但有的女人嫌麻烦则直接素手干活。于是，我们的双手慢慢地失去了水分，逐渐没有了弹性，还长出了难看的皱纹;有的手部肌肤开始变干,露出若隐若现的青筋,粗糙已经代替了曾经的柔软光滑。当我们用双手去抚摸自己的脸颊时,会感觉到疼痛,会感觉到手部粗糙的肌肤。如何来呵护自己的双手,成为了女人们担忧的问题,其实,有一些方法可以用来减缓双手的衰老,拒绝粗糙在玉手上蔓延。

一般来说,美手在于以下三点,即手部皮肤的保养滋润,手掌、手指的柔软灵活以及手指甲的修饰。很多女人都把目光关注到呵护自己的脸部方面,而对自己双手的保养却没有重视起来。专业的医生告诉我们,由于手部皮肤缺少皮脂腺分泌,又整天接触清洁剂等化学物质,是最容易衰老和产生皱纹的部位。因此,要想做一个魅力女人,就必须好好补一下"美手"的功课。

1.呵护双手

在清洗碗盘锅灶的时候,你可以采用一些长柄的清洁刷,这样可以减少手与化学清洁剂的接触。你也可以在做清洁的时候,戴上手套避免接触清洁剂。这时,手套应该选择宽松一点的,这样不容易引起刺激。

每次做完家务之后,可以用温水浸泡双手洗干净,然后用毛巾擦干,再涂上护手霜或者润肤露,也可以涂一些甘油或者橄榄油,并轻揉手部使其吸收。这样可以补充手部肌肤中流失的水分和油脂,进而使手部肌肤更润泽。

在盛夏季节,你是否会经常用手来阻挡刺眼的阳光呢?其实,这样也会让手饱受阳光中紫外线的伤害,会使我们的手部肌肤变得粗黑、暗沉,甚至出现斑点。所以,当你为脸部抹防晒霜的时候,也千万不要忘记为双手抹上有防晒指数的护手霜。

2.手部运动

你可以在闲暇之余,多做一些以下的手部运动。

双手五指并拢,手臂前伸,但不要使腕关节弯曲,这样用力做手指屈伸动作,大概15次;双臂前伸,握紧拳头,然后将手指突然展开,尽可能伸展五指,也是大约15次;双臂前伸,先一同由左边转动腕关节,并带动肩、肘关节,再向右边做同样的动作,大约15次。

双手五指分开,连续用力做伸展和手指并拢的动作,大约10次;双手五指交叉，两个拇指彼此围绕对方转动，先由里向外，再由外向里，大约20次；还可以模仿弹钢琴的手指动作，先由左至右，再由右至左，大约20次；也可以将双手手指分开，向各个方向活动；最后左右手相互交替抬起，做放松的动作。

3.美化手部肌肤

在日常生活中，应该经常涂抹护手霜，并随身携带。晚上也需要做好保养，睡觉之前在手上涂抹一层保养品后按摩，特别是指甲接缝处。如果不嫌麻烦，可以直接戴着棉手套睡觉，如此，第二天早起后手就会嫩很多。这样坚持一段时间后，你就会发现手部肌肤变得白皙娇嫩了。

4.精心打理指甲

当你在打理指甲的时候，需要及时修剪较长的指甲。修剪指甲也是需要技巧的，从指甲的一端沿着自然弯曲轻轻将指甲剪下，不可剪得太深或太多，大致沿着指甲前端发红与发白之间的界限部位修剪即可，以免损伤皮肤和甲床。

很多女人有美甲的爱好，要记住在涂抹指甲油之前一定要用底油。平时不要每天都用指甲油，指甲也需要透气、呼吸，还需要经常使用一些营养油来呵护自己的指甲。除此之外，日常也要注意保护指甲，不要用手指甲来开启瓶盖或者拉开发夹；当指甲边缘破裂时，请涂上两层指甲油并记得随时修剪。

打理秀发，飘舞在肩头的万种风情

女人的秀发被视为女性标志之一，通过女人那一头飘逸的秀发，可以展现出女性独有的温柔、妩媚的气质。对每一个女人来说，拥有一头亮丽的秀发可以为自己增添自信与魅力。因此，做一个有魅力的女人，就需要时刻在意那飘舞在双肩的一头秀发。

绝大多数女人会把金钱花在服装店里、美容院里，还有就是美发店里。

女人也许可以没有华丽的服饰，但是绝对不能没有秀发，否则即便再出色，你的美丽和光彩也会大打折扣。很多女人除了在家里为秀发作护理之外，还几乎每周都要去美发厅为秀发作一定的修饰。如何能让自己的一头秀发飘逸动感起来，重要的在于两个方面，即良好的发质和定时的保养护理，除此之外，还需要有适合自己的发型。

1.良好的发质

女人希望自己的秀发能够散发出万种风情，最重要的就是拥有一头发质还不错的秀发。假如你的头发稀少，或是暗淡枯黄无光泽，哪会使你的魅力大打折扣。实际上，为了改善自己的发质，均衡营养的膳食才是美发的根本之道。一旦你的饮食出现了问题，比如偏食、营养不良、节食等，那么你的头发就难以呈现出健康的光泽。所以，要想拥有一头乌黑亮丽、有弹性的秀发，就必须坚持均衡的饮食。

在日常生活中，需要摄取一些富含蛋白质、锌、维生素 B、维生素 C 的蔬菜和水果，只有这样才能保证秀发能够从身体内获取足够的营养，从而形成良好的发质。另外，不要过多地食用甜品，还有一些饮料或食物，如汽水、可乐、巧克力、饼干等也是应该少食用的。这些饮料或食品会影响发质的健康，并且容易生头屑。

2.呵护美发

当你拥有了不错的发质后，还需要进行定期的护理、保养。定期清洗头发是护理工作的重要步骤之一，最好是隔一天就清洗一次头发，不要等到头发都发出了味道才意识到该洗头了。也不要每天都洗头，这样会损伤头皮。

选择温水洗发，因为洗发水的功能在温水时效果才最佳。如果水太热了，会使你的头发干而且发痒；如果水太冷，洗发水会残留在头发上。头发冲洗干净之后，再洗一次凉水，会使头发更有光泽。在洗发时适当用一些护发素，可以为你的头发作简单的护理，加强头发的滋润与耐力，增强头发的柔软与光泽。

在盛夏季节，强烈的阳光照射不仅会损害发质，还会使染发剂褪色。因此，为了避免秀发遭受阳光的伤害，可以将防晒霜和蒸馏水按 1∶3 的比例混合，在出门之前喷在头发上，就能做好秀发的防晒工作。

3.适合自己的发型

当拥有了一头健康的秀发后，你就需要为秀发做一番造型了。通常来说，选择合适的发型要依据自己的脸型、肤色、身高、体型、气质，这就需要你与发型师好好地进行沟通，使发型与气质、脸型、身材相配，使你的整体魅力显现出来。

脸型与发型可以互相弥补，如果脸型比较瘦长，那么就应该让发量向两边加宽；如果脸型比较宽，是那种上尖下宽的三角脸型，就要让发型上重下轻。是否适合烫发也是根据脸部形状来确定的，如果脸型是直线型，那么就适合过于卷曲的浪漫式烫发；如果脸型曲线柔和，那么就不太适宜烫发。

一般而言，发型还需要与身材相配，高大而丰满的人需要头发有一定的量与长度，而身材小巧的人则可让头发有多一些层次及飘逸的感觉。只有这样量身定做的发型，才有可能达到事半功倍的效果。

兼顾细节，好皮肤不留死角

每个女人都渴望拥有美丽的肌肤，希望自己全身上下的肌肤都变得白皙娇嫩，富有弹性。在美容资讯异常发达的现代社会，各种各样的肌肤护理方法不胜枚举，如何彻底地解决肌肤的各种问题，真正做到深度的肌肤护理，不留任何美容的死角，这是很多女人的心愿。在我们日常的皮肤护理当中，经常会有没有兼顾到的地方，比如颈部肌肤、脸部 T 字形部位的肌肤、肘部肌肤、足踝等，这些都会成为皮肤死角，进而会影响我们整体的美感。因此，千万不要给自己的皮肤留死角，也就是不给自己的美丽留死角，轻轻松松做一个魅力 100 分的女人。

1.肘部肌肤护理

在我们全身，再没有什么部位像肘部一样被我们严重忽视的了。身体各处都滋润光洁，唯有手肘、膝盖部位的肌肤经常皱皱巴巴，显得毫无光泽。作好肘部肌肤的护理，需要先用一块热毛巾将肘部仔细地包裹好，直到肘部肌肤开始发红、潮湿，才可以解开。这时候，在鸡蛋清里面撒上一些盐，再把它轻轻地涂抹在肘部，轻轻地按摩，这样做，一方面可以去除肘部皮肤的死皮，另一方面能增强血液循环。按摩5分钟后，用温水将肘部清洗干净，然后再涂抹润肤水，搽上润肤膏。

在晚上睡觉之前用湿毛巾轻敷肘部，然后多涂点保湿乳液。在平时休息的时候，如果坚持贴黄瓜片，会使你的肘部肌肤变得白皙。平时多喝水，多吃膳食纤维，也会使肘部肤色变得均匀。另外，为了拥有光滑的肘部，尽量不要用肘部作支撑。其实，肘部肌肤的护理是需要长时间的仔细护理才会有效果的，所以，要坚持不懈才能彻底解决这一皮肤死角。

2.呵护足部肌肤

很多女人都会发现，自己在经过了夏天穿凉鞋之后，足部肌肤都会变得很粗糙，甚至足踝部位会变得厚厚的、硬硬的，一点也不柔嫩。其实，足部的肌肤也是需要护理的，因为每天都会走路，这样使得脚上容易脱皮，甚至会受伤。因此，除了定期地为脚去死皮，去角质，还需要进行细心的护理。可以先用热水泡一下足部肌肤，再用类似磨砂纸的锉刀锉下足部的死皮，然后涂上专门滋润足部的乳液，最好在晚上睡觉时能用纯棉的袜子包一晚上，第二天早起就会发现足部肌肤嫩了许多。

另外，还可以将西红柿捣烂，加上一点蜂蜜，也可以依个人喜好加点面粉，然后轻轻地敷在脚上，用保鲜膜包起来，外面还可以再裹一条毛巾。大约20分钟之后，解开毛巾和保鲜膜，这样连续坚持几天，足部肌肤就会变得白皙、柔嫩。

3.眼部肌肤护理

一般情况下，眼部肌肤是最容易衰老的部位，因为眼部肌肤只有脸部肌肤的四分之一薄。所以，当一个人疲劳、状态不佳的时候，最先表现出来的就是眼部肌肤。很多女人认为，眼部肌肤的护理要25岁以后才开始，其实这种观点是错误的，要做到防患于未然才能够更好地呵护眼部的肌肤。还有的女人根本不使用眼霜，或用面霜代替眼霜，以为这样就可以达到护理眼部肌肤的目的。其实，这也是一个误区，眼部肌肤与面部肌肤有一定的区别，需要专门的眼霜才能起到护理的作用。

所选择的眼霜不宜太油腻，因为眼霜的作用在于使眼部肌肤容易吸收，眼部肌肤不能承受太多的营养负担。一般来说，水溶性成分的眼霜比较容易吸收，也最适合眼部肌肤的护理，使用之后感觉舒适，不干也不腻。使用眼霜的时候，也需要讲究一定的技巧。每次使用量不宜过多，因为眼部肌肤极薄，量多反而会影响吸收，还给眼部肌肤造成负担，甚至加速眼部肌肤衰老。每次擦眼霜的时候，只需要用无名指在眼部周围轻轻点压，这样力道才最轻，不容易损伤眼部肌肤。

保持身材，体形也能折射出你的修养

现在越来越多的女人会认同这样一个道理：你的体形就代表着你的修养。也许，刚开始听见这句话的时候，会觉得有些不解，但仔细一想就会发现这话其实很有道理。远有“闻香识女人”，同样的道理，一个女人的体形也能折射出她的修养、品位。体重的保持与控制在一定程度上是一个女人修养的体现。所以，一个内外兼修、有修养的女人，就要保持好她的身材，这可以说明她能够管理好自己的身体。

每个女人都梦想着能够拥有魔鬼般的身材，这是她们蜕变美丽的途径。甚至有的女人会认为，自己拥有傲人的身材比拥有漂亮的脸蛋更有魅力。也许你不能改变自己那并不算漂亮的脸蛋，但可以锻炼出性感的身材。女人完全可以通过锻炼来塑造自己的形体，减去多余的赘肉，让自己变得更加性感。因此，作为一个女人，只有你拥有一个健康完美的身材，才能够体现出你优雅的气质，超群的魅力。

小李是化妆品公司的销售总监，为了维持自己良好的外在形象，她特别注重保持和控制自己的体重。从大学开始，她几乎每周都会称一次自己的体重，以保持好身材。

她专门为自己定做了有着均衡营养却又不会导致身体发胖的膳食菜

单，即便是在外面就餐，她也会饭前先喝一碗汤，一直坚持每顿只吃七分饱，即使看见自己最喜欢吃的菜肴，她也能克制住自己。平时的她，并不像很多女孩子一样偏爱零食，倒是经常在冰箱里摆满了水果、牛奶，还有一些绿色蔬菜。工作休息之余，她还会在家里练练瑜伽，做做运动；公司放长假的时候，她还会约上几个朋友一起出去爬山、徒步旅行。在她看来，好身材并不只是苗条，还需要健康。

小李做销售总监已经两年了，每次与客户见面都会受到客户的称赞，而公司总经理也一直把她当作自己公司的“形象代言人”。

其实，很多女人肥胖的原因就在于自己没有自制力，她们在自己喜好的食物面前完全没有力气去抵抗。食物对于她们而言，就是致命的吸引力，在她们的生活里总是关心着哪些食物好吃，哪里又新开了一家餐馆。当她们在镜子里看见自己全身的赘肉，才意识到自己的身材已经完全走了样。

有修养的女人则会习惯于上进，无论是生活还是工作，她们都力求追求更高的层次。所以，当她们在遇到了困难或者挫折的时候，不会像很多女人那样企图以食物来抚慰自己心里的创伤，她们更愿意去寻找出解决问题的办法。有修养的女人，善于打理自己的生活，每天都会把自己的生活安排得满满的而不是无聊地想吃东西。她们会在休息时出去走走，或者洗个热水澡，或者听听自己喜欢的音乐，或者给朋友打个电话，或者看一本书，或者练练瑜伽。她们只有在饿的时候才会想到吃东西，所以她们能够保持好身材。

有修养的女人会懂得控制自己的情绪，当她发现自己还有一些事情没有妥善地处理好时，她也不会绝望，也不会为了发泄郁闷的情绪而暴饮暴食。她们相信事情总会有解决的办法，而如果狂吃食物则会导致自己的体重超标，进而影响到自己的自信与美丽。有修养的女人，总是善于调节自己过于悲伤或过于兴奋的情绪，在逐渐的释放中学会平衡，最终成为真正健康的女性。

懂得打扮,得体的衣着为形象加分

魅力的女人,往往也是一个懂得穿衣打扮的女人,美丽是“穿”出来的。也许你并没有漂亮的容颜,但你依然有美丽的权利,你可以通过适合自己的打扮,来使平庸的自己变得更加有魅力。其中,穿衣就是最重要的部分之一,穿出属于自己的美,不仅可以增添你的自信,也会使你的气质变得高雅起来。一个女人再漂亮,如果她不修边幅、不懂穿衣的学问,那么她比那些容貌不漂亮的女人还要显得平庸。俗话说:“人靠衣装,佛靠金装。”这里说的就是服饰给女人带来的美丽,女人不仅要懂得穿衣的学问,更要会“穿”衣服。换句话说,也就是女人要选择合适自己的衣服,得体大方,才是女人的魅力所在。

“女为悦己者容”,女人的穿衣打扮不光是为了自己,更是希望自己能在心仪的男士面前会有所不同。于是,在很多女人的眼里,似乎衣服料子越少才越能展现自己的傲人身材与性感。然而,事实并不是这样,对一些穿着暴露的女性,也许男士会选择欣赏的目光来注视你,但绝不会对你产生出尊重的态度。所以,女人在穿衣上需要坚持得体大方的原则,而不是为了追求另类、时尚,更不是为了追求所谓的“性感”。

小艾刚刚大学毕业,是一位时尚达人,无论是穿衣还是打扮都走在潮流的最前端。前些天,她向一家颇具影响力的公司投了简历。过了一个星期,那家公司打电话通知她去面试。

为了显示出自己的独特魅力,她在自己的装扮上下了一番工夫。她上身穿着极具时尚元素的露背装,下身是时下最流行的超短裙,另外还在手上特意戴上了在大学里买的叮当作响的手镯,选择的耳环也是那种十分夸张的银环。当这样装扮的她出现在公司的时候,几位面试官面面相觑,有位距离她最近的面试官突然用手挥散空气,原来他闻到了浓烈刺鼻的香水味。

面试官只是简单地问了几个问题,就让小艾离开了。小艾感到不解,在卫生间里正好碰到一位一起面试的伙伴，那位穿着得体的女子告诉小艾："你来公司面试，是不可以穿成这样的；如果你穿着这些去参加舞会，倒是个不错的选择。"

小艾大胆而性感的装扮在她自己看来，是最美丽的，也是最时尚的。但是，这样的装扮却不被面试官所认可，主要原因就在于她的穿着不够得体，不符合面试这样严肃的场合。看着她这样打扮自己，面试官是无法相信其工作能力的，更加无法认同她这个人。

要想学会得体大方的穿衣打扮，就必须深谙一些服饰礼仪。穿衣打扮必须要考虑什么场合、什么时间。在工作场合需要身着工作装或职业套装，在社交场合需要穿正装，在约会场合、休闲场合可以穿休闲装，在家里可以穿宽松舒适的居家服，当你参加葬礼时则需要穿深色、灰色的衣服。总而言之，只有得体大方的穿着，才能真正体现出自己的气质，才能在社交生活中游刃有余。这就需要你在穿衣的时候，掌握以下几个原则。

1.整体原则

你所选择的服饰必须是符合自己的身材、肤色、年龄的，这样才能够起到修饰形体、容貌等作用，从而形成一种和谐的整体美。除了自身的一些因素以外，还需要考虑到服饰的款式、颜色、质地、工艺等因素，这样才能达到整体完美的效果。

2.TPO 原则

TPO 原则是目前国际上公认的衣着标准，只有遵循了这个原则，你的穿衣才是合乎礼仪的。T 是 Time 的缩写，泛指早晚、季节、时代等；P 是 Place 的缩写，代表着地方、场所、位置、职位；O 是 Object 的缩写，代表目的、目标、对象。

3.个性原则

你的穿衣必须是具备一定个性的，要依据自己的性格、年龄、身材、职业等因素来选择合适自己的服饰，这样才能体现你的个性特征。当然，选择什么样的服饰都是因人而异，最重要的是能够展现出自己美的地方，遮掩己短，显现独特的个性魅力。如今，服饰选择的个性化趋势越来越强烈。

4.整洁原则

在任何情况下,你都应该保持自己服饰的整洁度。穿衣不在于你穿得有多贵,有多时尚,而是在于你所穿的服饰是否整洁。在服饰上,不能沾有污渍,不能有掉线的地方,更不能有破洞(乞丐装除外)。另外,还需要注意扣子等服饰是否整齐,并注意衣领和袖口处的整洁度。

女人在穿衣上的学问就是首先选择适合自己的,所遵循的原则就是大方得体。你所选择的服饰必须能够凸显个人气质、风格,还需要显现出女人特有的味道。女人要善于根据自己的职业、环境、年龄、肤色来选择恰当的服饰,客观地对待流行,不能盲目地追逐潮流。

第二章

气质女人，深谙礼仪之道

魅力女人，是那回眸一笑百媚生的娇媚；魅力女人，是那腹有诗书气自华的高雅气质；魅力女人，是那隐藏在言行举止中的知书达理。魅力的女人不仅仅需要外表的光鲜艳丽，更需要内在的涵养气质。作为女人，我们经常游离于不同的社交场所，这就必须使自己通晓一些礼仪之道，才能应付纷繁复杂的人际关系。那些外表漂亮的女人，如果不注意培养自己的礼仪修养，就像是没有经过雕琢的玉，即便是块珍宝，也有遗憾。女人要想拥有无尽的魅力，那就必须深谙众多的礼仪之道，这样才能使自己的魅力绽放出夺目的光芒。

懂得握手之礼，显示女人风范

握手，是人与人之间交际的一部分。在我们熟知的东西方礼仪文化中，西方人见面打招呼的方式大多是互相拥抱，而在传统的东方文化中，见面打招呼多是握手。因此，女人千万不能小看了这一动作。在很多时候，握手的力量、姿势与时间的长短往往能够表达出不同的礼遇与态度，显露自己的个性，也会给人留下不同的印象。也许，很多女人会认为握手似乎是男人的礼仪，而不需要女人去重视。其实，这种想法是错误的，女人同样需要注重握手礼仪，才能不失身份，才能尽显自己的魅力。另外，越来越多的职场女人占据了自己的一片天地，她们在事业中能够独当一面，于是免不了会有客户会见、会议洽谈、参加宴会等活动，而在这些社交活动中，通过握手这样的动作就可显示自己的风范。因此，握手礼仪成为了女人修养礼仪的重要组成部分，而礼仪修养好的女人才能绽放与众不同的魅力。

美国著名盲人作家海伦·凯勒曾写道："手能拒人于千里之外，也可充满阳光，让你感到很温暖……"的确是这样，握手已经成为了一种语言，一种无声的动作语言。

小丽是公司总经理的新任秘书，她才刚刚踏出大学校门，因此对于公司的很多礼仪都不太懂。

有一次，她随着总经理参加一个商务洽谈会议。当所有与会者都来到会议大厅时，会议还没有正式开始，于是各个公司的总经理或负责人开始互相打招呼。小丽没有见过这样的大场面，她有些紧张地跟在总经理的后面。她心想：自己不过是个小小的秘书，应该不会有人来跟自己打招呼的。于是，她完全放松了下来，只是专心地听总经理与其他公司负责人的谈话。正在这时，旁边一位刚刚跟总经理握完手的某公司负责人礼貌地把手伸向小丽，小丽因为专心于经理的谈话，并没有看到对方。看到此景，总经理轻轻咳嗽一声，才把小丽的思绪唤回来，她这才愕然发现对方想跟自己握手。她不禁紧张地把手伸过去，但是因为太紧张，居然把自己的左手伸出去了。总经理的脸色看起来有点难看，小丽慌忙地缩回手，那位公司负责人也有些讪讪地走开了。

小丽在握手时显露出来的慌张，以及错误的握手方式，都是她不知道握手礼仪的重要性造成的。这样不只会让彼此都陷入难堪的境地，也让自己给对方留下一个不好的印象。

一般说来，握手往往表示友好，是一种无声的语言交流，它可以沟通原本有隔阂的情感，可以加深双方的理解和信任。下面我们就对握手礼仪需要注意的几个方面进行简单的介绍，希望对众多女性朋友有所帮助。

1.握手的顺序

一般来说，当主人、长辈、上司、女士主动伸出手时，客人、晚辈、下属、男士才能相迎握手。在这里，女性朋友不要陷入一个误区，那就是必须等男士伸出手，自己才相迎握手。而正确的礼仪之道是：男女之间，需女士伸出手后，男士才能伸手相握。

如果你所面对的男士比你年长，是你的父辈年龄，或者你的年龄在20岁以下，则应该由男士先伸手。但是，也会遇见一些忽略了握手礼仪的先后顺序的男士先伸出了手，这时候女士也应该毫不迟疑地相迎回握对方的手。

2.握手的方法

一般来说，正确的握手姿势是，当你握手时，要距离受礼者约一步，上身稍微向前倾。站立保持立正的姿势，伸出右手，四指并拢，拇指张开，向受礼者握手。当然，握手时的姿势不同也显示出不同的礼仪，当你掌心向下握住对方的手，这会传递给对方自己高人一等的信息，应尽量避免使用这一握手姿势；当你掌心向里同对方握手，则表示出自己的谦卑；当双方的手掌都处于垂直状态，这就是最常见也是最稳妥的握手方式。要切记，握手时应该伸出自己的右手，如果你右手上有水或不干净时，应该谢绝握手，同时必须解释并致歉。

握手的力度要掌握好，如果你握得太轻了，对方会觉得你是在敷衍他，显得极不礼貌；如果你力度太重了，也会有失你的身份，让对方感到你动作的粗鲁。而很多女士在握手的时候，把自己的手软绵绵地递过去，这样也是失礼的一种表现。既然是要与对方握手，那就大大方方地握。

握手的时间不宜过长，最好在 1～3 秒为宜，千万不要握住对方的手不放。与大人物握手，与男士握手，时间在 1 秒左右为宜。

3.握手礼仪需要特别注意的几个问题

如果你戴着手套，握手前需要先脱下自己的手套。如果来不及脱掉自己的手套，也应该向对方说明情况并表示自己的歉意。在一些隆重的宴会上，有的女人会穿晚礼服并戴着通花的长手套，这时候就不必脱下手套。

要切记，在任何情况下拒绝对方主动要求握手的举动都是无礼的表现。如果有特别的情况，应该谢绝握手，但也应该向对方解释清楚。

当很多人一起见面的时候，注意千万不要交叉握手。也就是当已经有两个人在握手的时候，你不要把自己的胳膊从上面架过去，着急与另外的人握手。你应该等握手的双方已经松开了手，再进行自己的握手礼仪。

深谙宴请之道，餐桌前是你的魅力时刻

宴请是一种最常见的交际形式，尤其是在国际交往中，宴请不仅仅是东道主尽地主之谊的主要方式，也逐渐成为了互相交流、解决问题的主要载体之一。宴请也是人际交往中促进关系发展的重要手段，不论是请客吃饭还是参加宴会，都可以让宾主之间的关系得到进一步的发展，也能够让人们通过参加宴会结识新朋友，扩大自己的交际圈子和视野。而中国人向来喜欢在餐桌上讲话，在这时候通常能够看出一个人的修养和内涵。因此，作为一个女人，你更应该知晓一些宴请礼仪，当你优雅地坐在餐桌前时，那就是你最有魅力的时刻。

宴请客人是一件需要细心、耐心的事情，当你作为东道主策划宴请时，要提前做好各项准备工作，比如你邀请的宾客人数、宾客的性别比例、宾客

的身份地位、宾客所喜好的食物口味以及你宴请的目的。只有充足的准备才能使你的宴请成功地举行并完美地落幕，而不会出现难堪的情况。

孙小姐准备在家里办个生日宴会，她很早就把这个消息透露给自己的朋友们，并告诉朋友们，自己会给大家一个充满惊喜的宴会，好吃的好玩的绝对少不了，这可吊足了朋友们的胃口，大家都满心期待周末的到来。

终于等到周末了，朋友们早早就来到了孙小姐家里，看见布置一新的屋子都显得异常兴奋。在大家嬉笑打闹之后，晚宴开始了，可是朋友们看见厨房里还是一片冷清。有朋友禁不住向孙小姐开玩笑："哟，厨房还没有开锅呢？准备饿我们肚子呢？"孙小姐神秘地笑笑，这时门铃响了，有西餐店里的服务员送来了菜肴。朋友们立即泄了气，原来孙小姐说的惊喜晚宴就是"西餐晚会"啊。

有的朋友喜欢吃西餐还好，平时不怎么喜欢吃西餐的朋友可就适应不了了，直嚷着没有吃饱，硬是在冰箱里找了面条到厨房自己煮去了。朋友们勉强吃完了西餐，孙小姐不顾大家一致提议去 KTV 的意见，而擅自做主在家里铺开了麻将桌。朋友禁不住孙小姐的一再邀请，玩了一会儿就纷纷告辞回家了。

孙小姐因为没有做好足够的准备工作，也没有尊重朋友们的喜好就擅自作决定，使得朋友们都没有玩得尽兴，这其实是很失礼的。对于大多数女人来说，在紧张的生活和工作之余，也会邀请几个要好的朋友在家里开个 Party，或者举办自己的生日宴会，在工作结束后也会参加一些宴会。如果你不知晓一些宴请的礼仪，稍有不慎就会因为一个不经意的小动作而使自己形象减分，甚至当场出丑。因此，女人无论是在社交场所还是工作中，都需要掌握一些宴请的礼仪，这对于提高自己的交际能力和修养礼仪有很大的帮助。

如果你作为被宴请的宾客，也需要掌握一定的宴请礼仪，不仅仅需要注意自身的着装和形象，还需要在赴宴的过程中做到仪态优雅，大方得体。当你在就餐的过程中，入座了就不要东张西望，也不要干坐着发呆，或者是随意玩弄手机或桌上的餐具。正确的就餐坐姿应该是双手放在腿上，双肩端正放平，面带微笑，可以礼貌地与身边的宾客交谈几句，如果实在没有什么话题，你也可以静静地坐着听他们交谈。

就餐的时候，无论是中餐还是西餐，都不能把餐具全部放进嘴里，更不能用舌头去舔沾在餐具上的食物。尽量吃离自己比较近的食物，即便是看到对面自己喜欢的食物，也不要站起来直接去取或者走到餐桌的另一边去取。当主人为你盛情夹菜时，一般不要拒绝，须道声“谢谢”。尽量不要在宴会上喝酒，如果实在推辞不掉，也要适量，以防酒后失态。

在用餐时，要表现出自己的高雅，不能狼吞虎咽或是发出很大的声音，当嘴里有食物时不要和别人讲话。如果汤菜太烫，需要稍等片刻而不是用嘴去吹。如果不小心泼洒了汤或者酒，要说句“不好意思”；若洒到了别人的身上，要边给对方擦拭边道歉。如果别人不小心弄脏了自己的衣服，也不要乱加指责，而是应该去洗手间弄干净并安慰对方“没有关系”。

有的女性在参加宴会之前都会稍微化妆，但是在用餐之前最好悄悄地把口红擦掉，以免用餐时在杯子、碗筷上留下口红印，这样既不雅观也会影响他人的食欲。如果在宴会的过程中需要补妆，不要当着大家的面而是要到卫生间或者化妆室去修补。

总而言之，无论是作为东道主还是被邀请者，女人都要恰当地表现出自己的礼仪之道，才能为宴会装点出不一样的精彩。

通晓拜访之礼，获得主人的认可

拜访是人与人之间交往的一个重要途径，通过拜访可以增进相互之间的情感和了解，拉近彼此的距离。一般说来，拜访有很多目的，有的拜访纯粹是为了增进朋友之间的友谊，有的拜访是为了对主人有所求，有的拜访则是为了显示出对对方的尊重。虽然，拜访的目的有众多，但是拜访的礼仪却是大同小异。对于女人来说，拜访可能会成为生活中、工作中一种常见的交际方式，有可能你会拜访未来的婆婆，有可能你会拜访好久没有见到的朋友，有可能你会因为工作关系拜访一个顾客。如果你在拜访中不注

意一些礼节问题，在别人家里显得很随便，这也会使你的形象大打折扣。因此，要想做一个魅力女人，就要通晓一些拜访的礼仪，以此获得主人的认可。

小李这个周末去拜访男朋友的父母，由于之前小李已经见过了男朋友的父母，所以她对这次拜访显得不太热心。

到了周末，她意外地接到了好朋友的电话，于是她和朋友一起出去逛街了，完全把去拜访未来公婆这事情给忘了。直到接到男朋友的电话时，她还在商场里逛得不亦乐乎，她一听匆忙地从商场出来，来不及回家就打车赶往男朋友家。

来到男朋友家门口，她气息未稳就使劲按起了门铃，男朋友把门打开，惊讶地看着她。她来不及问候男朋友的父母，就放下自己的包，急忙跑进了卫生间。坐在客厅里的男朋友的父母显得有点不悦，迟到了已经很失礼了，现在连声招呼也没有。不一会儿，从卫生间出来的小李对坐在客厅的男朋友的父母喊了声“叔叔，阿姨”，就一头跑进了男朋友的房间，玩起了电脑，而自己的男朋友则陪着母亲在厨房里忙活。坐在客厅看电视的父亲看着在房里玩得高兴的小李，立即面露不悦之色。

小李自认为已经见过了男朋友的父母，所以对正式拜访不太热心。其实，恰恰是她在男友家里表现出极为不礼貌的行为，使得她与男朋友的父母之间的关系已经出现了隔膜。我们不难猜想以后双方的关系会有怎样的发展，事实上小李的失礼已显露出了自己的修养礼仪，也会模糊男友父母对她以前的评价。

一般而言，拜访需要注意一定的社交礼仪和拜访礼仪，比如你在拜访的时候需要以礼相投，还要适当注意谈话的技巧，谨言慎行，注意仪容，才能使自己成为受人欢迎的客人。下面我们就简单地介绍一下拜访所需要遵循的礼仪规范。

1.遵守礼仪

拜访也是一种交际活动，也需要遵循一定的社交礼仪。而其中最重要的一点就是要“有约在先”。当你决定要拜访某人的时候，需要提前相约，最好是提前一周就打电话与对方联系，这会让对方对你的到访有所准备和安排。如果你事先没有与对方约好，突然到访会令对方感到唐突，同时也有可能会因为对方有事外出而白跑一趟。所以，无论是拜访朋友、长辈还是客户，你都需要提前约好，这是一个极为关键的社交礼仪。

2.注意仪容

拜访可以称得上是一种比较正式的社交场合，尤其是工作上的拜访，更是代表了你所在公司的形象。因此，女性在拜访时必须注意自己的仪表仪容，讲究穿衣打扮。从你所选择的服饰到你的发型以及妆容，都要符合一定的社交礼仪要求。因为，美丽的仪容就是你的一张名片，它既可以维护自己良好的形象，同时也是一种对主人的尊重。

3.谨言慎行

拜访别人时需要注意自己的言行举止，不要太过随便。在拜见主人的时候，需要互相问候，适当寒暄，可以聊一些轻松的话题。在主人家里千万不要随意走动，也不要随便翻动主人的物品。没有经过主人的同意，也不要擅自主张参观被访者的房间，不能随便进入主人的卧室、餐厅等私人空间。如果你在主人家使用了卫生间，一定要记得放水冲干净。

4.以礼相投

当你去拜访某人的时候，一定会受到主人的热情招待，也会受到一定的礼遇。当然，你也要学会“以礼相投”，表示对主人的尊重和所受到礼遇的谢意，同时也可以给主人留下深刻的印象。这样的以礼相投，可以是互相握手致意，亲切交谈，也可以是你精心挑选的礼物。尤其是当你拜访长辈的时候，选择一份恰当的礼物作为拜访之礼，这是相当合适的。而对于关系亲密的朋友，你也可以选择送一份小礼物或者不送。

懂打电话的礼仪，沟通顺畅

当今我们正处在一个科技日新月异的时代，在这样一个信息化的社会，为了快速获取一些重要的信息，越来越快捷的沟通方式已经逐渐被人们所认可，而多种多样的现代化沟通工具也层出不穷。在这其中，最快捷、使用最频繁的就是电话，也许有的女人认为打电话是最简单不过的事情，根本不需要什么礼仪。其实，打电话也是需要一些礼仪的，这被很多人称为看不见的礼仪。而只有你掌握了这些打电话的礼仪，才能够使通话更加愉快通畅，也才能达到你的目的。

有很多女人认为，自己在打电话的时候并没有与对方进行面对面的接触，自然不需要去注意一些社交的礼仪。其实，虽然打电话时看不见对方，但是你的一些修养礼仪会通过你打电话的时间、说话的方式以及挂电话的方式显露出来。有魅力的女人，会在打电话的时候把细节做到滴水不漏，尽显自己高雅的修养，尽显自己良好的礼仪之态。

小李是公司董事长的秘书，她每天都要处理很多纷繁复杂的事务，要么是给董事长订机票，要么是给董事长约见面的客户，要么就是在办公室里收发文件。因为自己工作比较多，所以她专门准备了一个便利贴，上面写满了每天的工作任务。

这天，董事长吩咐小李给分公司的肖总打电话约好周五的洽谈工作，当时小李没有把这件事情记在便利贴上，等到自己忙完了收发文件的工作，已经快到下班时间了。小李连忙拿起办公室的电话，正准备拨肖总的电话，突然想起来已经快到下班时间了，说不定这时候肖总已经离开办公室正准备回家了，这时候是不应该打电话的。可是一想起周五的洽谈工作，小李又拿起了电话，做了个深呼吸，然后拨通了肖总的电话，电话响了两声就接了，里面传来了肖总的声音："您好，我是肖南，请问您有什么事？"小李面带微笑："您好，肖总，我是小李，请问您现在方便接听电话吗？"里面传来肖总温和的声音："正准备下班呢，小李，有什么事情吗？"小李悬着的心落了下来，解释道："嗯，实在是抱歉，都快下班了还打扰您。是这样的……"电话在愉快的氛围中结束了，肖总临挂电话前还夸奖小李工作尽职尽责。

小李打电话时表现出来的礼貌，使得她在快下班的时候，成功地完成了自己的工作任务。如果小李没有掌握打电话的礼仪，也许肖总就不会有耐心听下去了，进而也会影响到小李的工作。

其实,无论是在工作中还是在生活中,我们都不可避免地会用到电话礼仪。女人无论是打电话还是接电话,都必须以"礼"待人,以此来与人建立和谐融洽的人际关系。如果你在打电话或接电话时不注意礼仪,失敬于人,就会使自己形象受损,也会影响自己的人际关系。要想让自己通晓电话礼仪,就应该注意以下几个方面:

当你准备给某人打电话的时候,首先应该确定一下这是不是合适打电话的时间。如果是因为工作关系,向某位客户打电话,那就需要在白天上班的时间打;如果是私人电话,除非是非常紧急的事情,否则应该在早上8点之后打,周末时间应该推迟到早上9点以后,晚上则要在9点之前打。晚上9点以后最好不打私人电话,以免打扰对方的睡眠。一般来说,中午也不是打电话的合适时间,因为有的人会有午睡的习惯。

打电话时需要再一次确立对方的身份,应该说:"请问,您是某某先生吗?"或"请问,这是某某的家吗?"等到肯定之后,再与之说明打电话的原因。如果打错了电话,应该马上向对方致歉。电话交谈的时间,除了"煲电话粥",一般通话时间不宜过长,以免影响对方工作。在与对方结束通话后,应该先等对方挂断电话以后,再把话筒轻轻地放下。

当听到了电话铃声时就应该马上放下手中的工作立即去接电话。一般情况下,在电话铃声响三遍以内去接电话是符合礼节的;如果你因为特殊原因接迟了也要向对方说明情况,并致以歉意。

当拿起电话时首先应该自我介绍:"您好,我是某某,请问您有什么事?"而不是首先质问对方:"你是哪里的?"或"你找谁?"如果电话不是打给自己的,你应该告诉对方:"请你稍等,我去叫他来听电话。"若接电话那人正好不在,你应该告诉对方,并且礼貌地询问对方的姓名及电话号码并记下来,到时候再给被找人。如果对方打错了,你也应该礼貌地说:"对不起,您打错了。"

晓办公室的礼仪，与同事相处融洽

在当今社会，女人们不再在家里相夫教子，而是纷纷走出家门，融入到社会中，甚至很多优秀的职场女人开始有了自己的事业。其实，当你的职场生涯一开始，你的办公室之旅也就开始了。作为办公室职员，每一个人都有着自己不同的工作，有的可能是秘书，有的可能是接线员，有的可能是销售员。但是，为了工作，我们每天就不得不与同事、上司打交道，不得不每天出入窗明几净的办公室。当然，在这样的工作环境中，女人更应该知晓一些办公室礼仪，建立融洽的人际关系，这样才能做一个魅力无限的办公室女郎。

很多驰骋于职场多年的职场女性都会认为办公室礼仪是非常重要的，如果你能掌握一些办公室的礼仪规范，并在你的职场生涯中恰当地加以应用，必定会使你在工作中左右逢源，让你的事业蒸蒸日上。

王丽刚刚走出大学的校门，就投入了新的工作中。当她第一次见到位居世贸大厦12层的广告公司时，就显得兴奋不已。这意味着自己能够在全市最高的一栋写字楼里上班，能够成为大家都羡慕的白领。

上班第一天，王丽为了与同事之间建立友好的关系，把刚从家里带来的一些土特产带到了办公室，当作完了自我介绍之后，她就开始热情地把自己的土特产散发给同事。很多同事显得很高兴，还纷纷称赞王丽家乡的东西很美味。正在大家在办公室里吃得津津有味的时候，主管来到了办公室。他看见办公室的情景时有些不悦，其他同事马上停止了说话，也把东西收了起来。经同事介绍后，王丽热心地拿起办公桌上的土特产递给主管："李主管，您也来尝尝我们家乡的特产，可美味了。"主管并没有接过王丽递过来的土特产，而是对王丽说："你跟我到办公室来一趟。"

女人应该切记办公室是工作的地方，并不是吃零食、嬉笑玩闹的地方。当然，你想与同事进行适当的交流，那是可以的，但也需要选择合适的时间和场合。像王丽这样直接把土特产带到办公室里分发给大家，还是在正常上班的时间,也难怪主管会面露不悦之色。作为职场女性,你更应该深谙办公室礼仪之道,否则只能使自己的职业生涯陷入窘境。

在办公室工作,自己的穿衣打扮也要与之协调,一般以职业套装为主,以体现自己的精明强干。女人最好是选择西装套裙、连衣裙或者长裙,另外不宜把露、透、短的衣服穿到办公室里去,否则使自己的内衣若隐若现会极不雅观。还需要特别注意的是,不宜佩戴过多的首饰,比如那种走路时晃来晃去的耳环就不宜佩戴,还有叮当作响的手镯也不宜佩戴。除此之外,还需要为自己选择一双走路不是很响的高跟鞋或者平底鞋。如果你有使用香水的习惯,也要避免使用那些刺鼻、浓烈的香水。

在办公室对上司和同事都需要讲礼貌,像“您好”、“早安”、“再会”这样的问候应该每天都要使用,而不是因为天天见面连打招呼都省了。同事之间也不要随便称呼其小名或者叫对方的绰号,而应该称呼对方姓名,对待上司或者前辈可以称呼“先生”或者以职称称呼。

在办公室里,要表现出自己的优雅气质,对自己的行为要多加检点,不要与异性同事拉拉扯扯、打打闹闹。尽量不要在办公室里吸烟,也不要当着同事的面表演自己的化妆术。如果需要补妆,可以去卫生间或者化妆间。在办公桌前要保持自己优雅的坐姿,不要将腿整个跷上去,这样很不雅观。也不要在办公室里吃零食、看书报、打瞌睡,这样只会让上司对你的印象越来越差。也不要经常打或接私人电话,这样会影响同事的工作。

在办公室里,还需要避开办公室的敏感话题,不要与同事谈论薪水、升降以及他人隐私,也不要在上司面前打小报告。当你在工作中遇到了困难时,需要立即报告给上司,千万不要擅自做主或者越级上报。当你接待其他公司的到访者时,需要保持东道主的热情和礼仪,不能出现失礼的举动。当你去上司的办公室时,同样需要注意礼貌,要先敲门,经过了许可才能进入,出来的时候要顺手把门关上。

知吃西餐的礼仪，优雅从容

随着中西文化的不断融合，西方越来越多的文化、风俗、习惯被传播到我国。在异国文化的传播过程中，那些原来不被国人所接受的饮食习惯逐渐成了一种潮流，而西餐就是其中引领时尚的潮流之一，如今在我国，西餐越来越流行，许多女人都渴望自己坐在华丽的西餐厅里，优雅地用刀叉切着五分熟的牛排。对她们来说，接受一种新鲜而又陌生的饮食习惯，似乎是一种挑战，更是一种展现自己魅力的机会。但是，也有不少女性认为：吃西餐不就是学好刀叉的使用就行了吗？其实，像吃中餐一样，西餐也有一套礼仪，而且西餐礼仪远比切牛排复杂得多。因此，掌握一些必备的西餐礼仪，才能使女人在就餐时优雅从容，仪态万方。

婷婷是外语系的学生，在即将毕业的时候，她凭着自己过人的口语能力被聘请到一家外贸公司上班。圣诞节快到了，为了替在中国的外国客户庆祝节日，公司决定举办一个大型的西式自助餐会，同时还邀请了不少外国客户，而公司的全体员工也会参加这次餐会。

婷婷在这之前很少吃西餐，她既紧张又很兴奋。也因为她不熟悉西餐礼仪，在餐会上出了不少洋相。当餐会一开始的时候，婷婷就兴奋地端起自己面前的盘子去取菜，等她吃得津津有味的时候，却发现同事都用那个盘子来装食物的残渣；她又为了节省自己去取食物的路途，从离自己最近的水果沙拉开始动起，但这时候同事们却在吃冷菜；因为刀叉位置放得不正确，她还没有吃完就被服务员把菜收走了。

就这样，一顿饭吃下来，婷婷显得浑身不自在。

因为不熟悉西餐礼仪，准白领婷婷闹出了不少的笑话。一般而言，吃西餐在很大程度上讲就是一种情调：大理石的壁炉、熠熠闪光的水晶灯、银色的烛台、缤纷的美酒、优雅迷人的举止，这本身就是一副令人陶醉的画面。因此，为了使你在吃西餐时举止更加优雅娴熟，花一些时间来熟悉这些西餐礼仪,还是很有必要的。

1.就餐前准备

当你就餐前应该从椅子的右侧入座,等你就坐之后,要端正自己的身体,手肘不要放到桌面上来,也不要跷着二郎腿,不要贴着餐桌。你与餐桌之间要保持一定的距离,以便于使用餐具,不要随便摆弄餐桌上摆好的餐具,将餐巾对折轻轻地放在膝上。

2.刀叉的使用

当你在使用刀叉进餐的时候,应该从外侧往内侧取用刀叉,左手持叉,右手持刀;当你在切东西时须左手拿叉按住食物,右手持刀将食物锯切成小块,然后用叉子送进口中;使用刀的时候,刀刃不能向外;进餐的时候,如果放下刀叉并摆成"八"字形,刀刃朝向自己,这就表示自己要继续吃;暂停用餐时,可将刀叉相对着斜放在盘子的左右两边,服务员就不会撤走盘子;吃完一盘后,应将刀叉平行竖放盘中,服务员会主动收去。

需要记住的是:千万不要拿着刀叉在空中挥舞摇晃,也不要一手拿着刀或叉,一手拿着餐巾擦嘴;也不能一手端着酒杯,一手拿着叉取菜。在任何时候,都要把刀叉放在餐盘里,而不是一端放在盘上,一端放在桌上。

3.就餐礼仪

当开始正式进餐的时候,每次送进口中的食物不宜过多,在咀嚼食物时不要与人说话。如果汤菜太热,可以稍等片刻,凉了之后再吃。喝汤时要用汤勺从里向外舀,吃完汤菜要把汤勺留在汤盘中。如果是吃鱼、肉等带刺或骨的菜肴时,不要直接向外吐,而是用餐巾捂住嘴轻轻吐出来放在盘里。如果盘里只剩下少量的菜肴,不要用叉子刮盘底,可以用小块面包或者叉子辅助食用。吃面条的时候,要先用叉子将面条卷起来,然后送入口中。

食用面包的时候,要掰成小块送入口中,而不是拿着整块面包去咬。即便是在抹黄油或果酱时也要先将面包掰成小块。吃鸡的时候,应先用刀把骨头去掉,不要直接用手拿着吃;吃鱼的时候,不要将鱼翻身,要吃完上层后用刀叉将鱼骨剔掉后再吃下层;吃肉时,要切一块吃一块,块不能切得过大,或一次将肉都切成块。

如果你能够熟练掌握以上的西餐礼仪，那么你就可以成为上述画面里那个优雅迷人的女人了。当然，在具体的西餐宴会上，则需要灵活运用这些礼仪，这样才使你在突发状况时能够随机应变、应付自如。

简单礼仪看修养

女人是社交中不可或缺的重要角色，女性进行社交活动，既是一种生活上的需要，同时也是心理上的需要。社交已经成为女人生活的一部分，她们可以在社交活动中学到很多的知识，也可以在社交中获得自己的幸福。对于在社交生活中扮演着举足轻重角色的女人来说，如果能在社交生活中掌握一些礼仪，就能赢得他人的尊重，取得交际的成功。相反，如果你不懂得社交的礼仪，纵使你的学问再高，口才再好，也会处处碰壁，陷入人际交往的危机。因此，那些看似简单的社交礼仪，其实才是女人最不应该忽视的礼仪修养组成部分。

女性首先应该遵循社交生活中的礼仪原则，即真诚、尊重、同情和关怀。真诚是人与人之间交往的基础，是实现双方之间心灵交流的一座桥梁，也是社交礼仪中的一个十分重要的原则。只有你付出了真诚，才能让他人感受到你的诚意，也才更容易接纳你。在我们生活中的每一个人都渴望得到别人的尊重，那么首先你就要学会尊重他人，只有互相尊重才会互生敬爱，才会使双方的关系更加和谐融洽。在我们身边的人，并不是每个人都事事如意，当他们处于逆境的时候，你应该真诚地关心对方，表示出自己的同情心，对其进行安慰，为他分担忧愁与痛苦，这样才能增进彼此之间的情感。

1.与异性交往的礼仪

女人不可避免地要与异性打交道。但是，也许是因为受中国传统思想的影响，很多女人在与异性接触的时候会感到不自然，仿佛男女之间的正常交际是一种禁忌。于是，很多女性在与异性相处的时候，就会有一种逃避心理，或者保持一种清高的姿态。其实，只要你能掌握好与异性交往的礼仪原则，就能够建立与异性的友谊。

如何掌握好一个度？这就需要女性外在表现上，既要热情、诚恳，又不可过于火热；既要自尊自爱，保持女性特有的矜持，又不可表现出清高、冷漠的姿态。女人在与异性的交往中，要表现出真实的自我，而不是矫揉造作、哗众取宠。

2.与同性交往的礼仪

与同性之间的交往也需要特别注重礼仪。但是，女人天性中的敏感、细腻特点使得她们与同性之间的交往逐渐演化成了挑剔、攀比，甚至嫉妒。而这样的一些心理很容易破坏同性之间的友谊，使本来比较融洽的关系因为攀比、嫉妒变得疏离，甚至做出过激的举动。

因此，女人在与同性相处的时候，需要多想想自己也是女性，在自己身上是否也有一些缺点。当你在对她进行百般挑剔的时候，也应该看看自己哪些行为是不恰当的；当你指责对方推卸责任的时候，想想自己是否在每次事情发生后跑得比谁都快；当你在说对方小心眼的时候，想想自己是否也是凡事斤斤计较的人。另外，当几个女人在一起聊天的时候，要尽量避免一些无意义的话题，千万不要在一起谈论他人的隐私，或者议论各家的长短。很多时候，同性之间出现交际危机往往是由于闲言碎语的传播。

3.与恋人交往的礼仪

爱情是人类感情中最美好、最热情、最圣洁的一种感情，每个女人都向往着罗曼蒂克的爱情。其实，恋人之间的交往最终是为了增进互相的了解、培植爱情，最后成为人人羡慕的神仙眷侣。因此，女人在与恋人交往的时候，一定要对自己的未来负责到底，既要对恋人真诚坦白，又要表现出对恋人的充分尊重。恋人之间应该敞开心扉，增进双方的了解和感情，而不是有意掩饰和欺骗；爱一个人就要学会尊重他，不要因为爱他而想去改变他的生活习惯和生活方式。爱情，只有建立在互相尊重的基础之上，才会开出绚丽的花朵。

4.女人社交礼仪技巧

女人在日常的社交生活中，还需要注意一些细节上的技巧：不要在众目睽睽之下与同伴耳语，这是很失礼的一种举动；不要失声大笑，无论你听到了什么，都不要在社交宴会上开怀大笑；不要滔滔不绝，当有人与你攀谈时，你必须保持落落大方的态度，简单回答几句即可，千万不要滔滔不绝地告诉对方你的情况或者追问对方的情况；不要在众目之下涂脂抹粉，这是很不礼貌的举动，如果需要补妆，必须到洗手间或者化妆室去。

第三章

智慧女人，追求知性优雅

拥有知性美的女人犹如一个优雅的公主，散发着无限的女人味。知性优雅似乎成了成熟女人的专利，因为经历多了，故事也有了，她们所拥有的财富便是无价的。知性优雅的女人，在她们身上看不到茫然和焦躁，而是无意间流露出的一种岁月历练后的美丽与智慧；知性优雅的女人，犹如山间的涓涓细流，也许不够活力四射，但她的每一条波纹，每一滴流水都会让人心醉；知性优雅的女人，感性而不张狂，典雅却不孤傲，内敛而不失风趣。

女人有自信是由内而外的美丽

自信，是女人最好的化妆品，它一点一点装点着女人生命的美丽。女人有了自信，才能由内而外显现出知性的优雅魅力。自信的女人，走路时不会扭扭捏捏，而是坚定有力，脸上从容不迫的表情告诉我们她的自信所在；自信女人，无论她是坐在高雅的西餐厅还是路边的大排档，依然微笑着绽放自己的优雅魅力；自信的女人，说话做事从来不会犹豫不决，通常都是果断地下决定，淡定而从容。自信的女人最美丽，无论家庭、事业、交际，都能一帆风顺，即便是偶尔出现的困难和打击，都会在她们自信的举手投足之间迎刃而解。女人只要拥有了自信，便拥有了独立的思想，有了正确的人生观，她们往往能清楚地知道自己想要什么，能要什么。也许，她们并没有美丽的容颜，但是她那种由内而外散发出来的美丽，已经完全征服了人们。魅力女人，相信自己是唯一的，是无人可替代的，当你拥有了自信，你就变得美丽动人，你的人生路上也会开满绚丽多彩的花朵。

有的女人太过娇弱依赖，对于自己的事情常常拿不定主意，这样的女人是不被人们所接受的。自信，则可以慢慢削减娇弱的气质，使女人逐渐变得独立起来，甚至使她们在自己的事业上能够独当一面。自信并不是强悍，而是一种落落大方的态度，当女人拥有了自信，她就会在待人接物方面得体大方，处理事情也不会拖泥带水，在任何时候都会有自己的观点和想法。因此，这样自信满满的女人，通常会受到人们的尊重。自信的女人，并不是国色天香，也不是闭月羞花，她们甚至可能是相貌平平，但是，因为那份与生俱来的自信，使得她们变得光彩照人，变得知性优雅。所以，无论她们身处哪里，都将成为最瞩目的焦点，而且永远不会因为青春容颜不再而失去自己的魅力。

小娜是一位时尚模特，她的容颜在众多佳丽中并不算是最出色的，但是她却凭着自己优雅的气质而屡次登上各大时尚周刊的封面。在平时的日常生活中,她总是素颜照天,打扮得像邻家妹妹。她不像众多明星那样,她既不喜欢泡夜店,也不喜欢待在酒吧,她最喜欢待的地方居然是图书馆。她坦言,当初无意间踏入了模特这个领域,耽误了自己的学业,这是她最大的遗憾。因此,她在休息之余,总是会多看一些书,充充电。正是这样内外兼修,她才能如此自信地站在镁光灯下,迎接人们赞叹的目光。

实际上,小娜是26岁才正式走红的,她从来没有隐瞒过自己的年龄,她说:"也许我这个年龄是有些晚了,但女人越成熟才越有魅力。当年我也是一个不自信的女孩,不相信自己会成功,觉得自己没有别人漂亮,也没有别人有个性。"小娜认为一个美丽的女人首先就要有自信:"我觉得自信的女人最美丽,她们容易散发出吸引人的气质,我也经常被有自信的女人吸引,希望自己能够像她们一样。"

当谈到让自己重新拥有自信的原因时,小娜说那就是相信自己,"我觉得每个女人的美丽都是独一无二的,无论她的外貌如何,只要充满了自信,就可以由内而外散发出美丽的气息。"

正是小娜的自信铸就了她无与伦比的美丽,自信就是她最好的一张脸。自信的女人,不一定是女强人,她可以是柔弱的,也可以是坚强的。自信的女人,总是游刃有余地展现出自己的美丽,那一份坦诚与爽朗,那一种长袖善舞的风姿,都是源于一分自信的洒脱。

自信的女人,不一定会拥有自己的事业。但一旦她们拥有了自己的事业,就一定能够在职场中挥洒自如,在上司和下级面前表现出自己卓越的工作能力。而那些不自信的女人,则会浓妆艳抹地奔波于各种场所,她们没有勇气让自己素颜照天;不自信的女人,只会在遭遇困扰挫折之际,就买醉于酒吧里;不自信的女人,她们总是疑神疑鬼,胡乱的猜测,嫉妒的眼神,让她们亲手毁掉了自己的幸福。因此,要想做一个有魅力的女人,做一个幸福的女人,就先学会做一个自信的女人吧。

当然,自信并不等于自负,自负是建立在一定资本上的,或是容貌出众,或是才智过人,或是家庭背景显赫,因为有着足够的资本所以显得自负。而自信的女人,可能是一无所有。于是,自负的女人习惯于目空一切,总是显示出高高在上的姿态;而自信的女人,则会多了一份平和之气,多了宽容,多了亲切。所以,人们对自负的女人敬而远之,对自信的女人则愿意与其亲近。自信的女人即便一无所有,她也拥有一份无价的财富,那就是自信。这样一份特别的财富,不会被外人所抢夺,会永远属于自己,成为自己最耀眼的魅力所在。

魅力既要“优”,又要“雅”

女人要想有着无尽的魅力,那么你既要“优”,又要“雅”,这样才能散发出属于自己的气质与魅力。换言之,要想做一个魅力的女人,就先学会做一个优雅的女人。一个容貌漂亮的女人未必优雅,而优雅的女人则一定是美丽的。优雅的女人也是富于智慧的女人,优雅的女人更显细腻与关爱。我们会从她充满迷人韵味的举手投足之间体味到睿智,也会从她一颦一笑间感受到细腻。优雅是一种感觉,这样的感觉来源于女人丰富的内心、智慧、博爱,还有理性与感性的完美结合。做一个优雅的女人吧,让你的无尽魅力绽放得如夜空的星星那么深远闪亮。

何谓优雅?孜孜不倦地学习,认真刻苦地追求着自己的事业,这是知性的优雅;从容面对生活中的挫折与困难,冷静处理工作中的纷杂事物,这是睿智的优雅;乐观面对生活的琐事,积极追寻事业的高峰,这是心智的优雅。优雅并不是像天边的云那样飘离,它其实离我们很近,存在于我们生活的各个角落。当你坐在舒适的家里,听着自己喜欢的音乐,喝着亲手煮的咖啡,这就是一份优雅;当你微笑地站在路边,轻轻地为小朋友捡起地上的玩具,这就是一份优雅;当你坐在办公室,向对面走过的同事投去一个善意的微笑,这就是一份优雅。优雅体现在我们生活的每个细节之中,流露在我们的一举一动、一颦一笑之间,优雅的女人无论站在哪里,都会是一道亮丽的风景线。

邓文迪是一个传奇女人,她 1968 年出生在山东,之后在徐州读书,高考时以优异成绩考过了重点线。后来,她到美国加州大学求学,成为了著名的常春藤耶鲁大学的MBA。她的每一个经历足够令所有女人感到羡慕与自豪。她是一个热情、干练、充满活力的女人，无论是说话还是办事都很果断、干脆，极富感染力，在她身边的人都会不由自主地与她交流，没有任何距离感。

1999年，邓文迪嫁给了世界级传媒大亨默多克。这在当时成了轰动一时的新闻，也成就了邓文迪传奇一生的开始。对于传媒大亨默多克，他一生也算阅美无数，却在晚年之际青睐于这位中国女人，不能不说这源自邓文迪才情出众、优雅迷人的吸引力。邓文迪的魅力在于她有着一份睿智、心智的优雅。她坦言自己是一个积极进取凡事追求完美的女人，无论做什么都会尽心尽力。当家人和朋友需要帮助的时候，她也总是随时伸出援助之手。虽然人生充满了跌宕起伏，但不管是顺境还是逆境，她都会找到美好的东西，使自己的生活尽可能地完美。

优雅女人的魅力并不在于她到底有多么漂亮，而是在于她的一举一动显现出来的气质。像邓文迪这样的传奇女人，则有一份难得的睿智优雅，在她人生的道路上，她尽可能地使自己的生活趋向于完美。事实证明，她最终凭着自己的优雅获得了幸福，作为一名享誉世界的女人，她的优雅比镁光灯还要闪耀，还要迷人。

优雅的女人并不一定要有娇艳的容颜，也不需要有柔媚的身躯，但她的气质一定是迷人的。优雅女人的一举一动、一言一行、一颦一笑，都应该是落落大方、彬彬有礼、温文尔雅的。女人的优雅来自内心深处，是一种由内而外散发出来的独特气息，是骨子里散发出来的迷人气质。女人的优雅并不是与生俱来的，它是女性知识、品质、修养等多方面元素积淀的一种升华。优雅的女人懂得自尊自爱，更有自信，独立与善良在她们的身上表现得淋漓尽致。

有这样一个女人，她说假如有来生，照样只做两件事，一件是“成为一名演员”，一件是“嫁给奥利弗”。她似乎是一个痴心不改的女人，对艺术的“痴迷”成就了其伟大演员的一生，对奥利弗的“痴心”让自己穷尽一生。

她是优雅的，无论是微笑还是生气，奥利弗曾这样说道：“她是优雅的，即使是她用脏字骂人还是优雅的。”她的美貌本来就不可多见，而上天的眷顾又给了她智慧，有人曾说："她有如此的美貌，以至于不需要演技，而她的演技又是如此地出色，以至于不需要她的美貌。"她就是一辈子活在优雅之中的伟大女演员费雯丽。

费雯丽在《飘》中的卓越表现使得影片获得了巨大的成功，紧接着疲倦的她还来不及休息就接演了《魂断蓝桥》《汉密尔夫人》，这两部影片同样为她带来了声誉。她将一生献给了自己的电影事业。永远优雅的她活在了一代又一代人的心中。

费雯丽的优雅是一种令人惊叹的优雅，也许平凡的我们并不会像她一样享誉世界，但我们依然可以让自己变得优雅起来。热爱生活，喜欢读书，善良而独立，这就是一份难得的优雅。优雅的女人是一缕阳光，热情、和煦地照耀着大地；优雅的女人是一杯清茶，浓而不淡，浓而不腻，令人回味无穷。拥有优雅是女人的骄傲，做一个优雅的女人吧，散发自己无与伦比的魅力。

性格开朗，让心充满阳光

也许这世界上并没有十全十美的女人，但每个女人都有自己独特的美丽：容貌娇艳是一种美丽，气质优雅是一种美丽，身体健康也是一种美丽，心态乐观更是一种美丽。性格开朗、乐观的女人是阳光的天使，无论她走到哪里，都会给人们带去阳光般的温暖。每个人的人生路途并不都是一帆风顺，也不会总是晴空万里，而一个乐观开朗的女人会懂得从那些坎坷中寻找快乐，在大雨中寻找雨中的浪漫。一个乐观开朗的女人，她明白简单的生活就是快乐，所以在她们心里，会把一些复杂的事情简单处理，不会在自己与他人之间设置心灵障碍，也不会让琐碎的小事烦恼自己的心。所以，女人可以不美丽，但一定要开朗乐观，随时随地保持一颗阳光般的心，给身边的人带来无尽的快乐。

所罗门说："人有疾病，心能忍耐，也可承担；精神若已崩溃，一切都会成空。”一般来说，女人天性都比较多愁善感，感情细腻，而在现实生活中很多不如意的事情常常会不期而至：失恋、离婚、失业、疾病、痛失亲人。当这些不幸降临的时候，很多女人会心灰意冷，甚至终日在酒吧买醉，一蹶不振，精神完全崩溃，让自己的美丽在落魄中凋零；但也有的女人会勇敢面对生活中的突变，直面生活的不幸，仍怀揣着梦想，跌跌撞撞一路寻找着成功的机会，她们的美丽永远摇曳在不屈的抗争中。人最悲哀的并不是一无所有，而是丧失了进取的斗志。而通常那些性格开朗乐观、积极向上的女人，则会在一无所有的时候还能与命运抗争到底，因为她们的心里充满了阳光的温暖，那足以扫去一切阴霾。

乔丽是报社的一名记者，最近她接到了一份特殊的采访任务。当她拿到被采访者的资料时，不禁有些难过，这是一个怎样的女人啊：丈夫早些年得了重病去世了，欠下了大笔的债务，家里有两个孩子，还有一个带有残疾，女人只是在一家小型的工厂里当一名普通工人，微薄的薪水养着整个家，还需要还债。乔丽一下午都坐在家里，想着：她家里不知道是什么样子？女人和孩子都蓬头垢面，满脸悲苦，又黑又潮的小屋里没有一点鲜活的色彩。也许自己去了，只会听到不断的哭诉。

那个周末，乔丽满怀同情，按着地址找到了那个女人居住的地方。当她进到屋里，有些不敢相信自己的眼睛，她甚至怀疑自己找错了地方，于是又向女主人核实了一遍。确认无误之后，她又开始重新打量这个家：整个屋子干干净净，有用纸做得漂亮门帘贴画，墙上还贴着孩子上学获得的奖状，灶台上只放着油盐两种调味品，罐子却擦得干干净净，女主人脸上的笑容就像她的房间一样明朗。乔丽坐在用报纸垫的凳子上，热情的女主人为她拿来了拖鞋，乔丽看见那拖鞋居然是在旧的解放鞋的鞋底上用旧毛线织出了带有美丽图案的鞋帮。

乔丽不禁有些好奇：她是怎么把这个家打理得这样舒适的？女主人一边干着活，一边微笑着说：“家里的冰箱、洗衣机都是隔壁邻居淘汰下来送给我们的，其实用起来还蛮好的；工厂里的老板、同事也都照顾我，会让我把饭菜带回来给孩子吃；孩子们也很懂事，做完了一天的功课还会帮忙干家务活……”

乔丽听着听着,眼睛有些湿润了,这并不是同情,而是一种赞叹,赞叹女人的坚强,更赞叹女人的乐观。

乐观的女工只是用自己微薄的薪水就创造了一个干净温馨的家,其实,生活中真的会有很多不如意的事情发生,不管你愿不愿意接受,他都会来。我们需要做的就是,改变所能改变的,接受那些不能改变的状况。当你总是怀着乐观的心态去面对生活的时候,你会惊讶地发现,事情并没有想象的那么糟糕,无论多大的困难与挫折,都不足以毁灭我们心中的希望。只要心中有梦,希望就在,我们就会发现世界竟是那么美好,生活处处充满了阳光。

每个女人都希望自己能够魅力长存,能够永远保持独特的魅力和风姿,于是,她们把大量的财力和时间投到美容院里,试图留住自己那日渐衰老的美丽。其实,世界上本来就没有一种美容品能够真正留住女人的青春与美丽,唯一能留住青春的良药是来自你内心的乐观与开朗。只要你的心里充满阳光,即使你活到了一百岁,依然可以保持年轻时代的风采和朝气。

温柔细心的女人秀外慧中

一个真正有魅力的女人并不是用外表的美丽来诠释自己,而是用内在的特质来展现自己。也许,外在的美丽固然令人注目,但是真正令人难以忘怀的女人,却是似水柔情、温柔细心的女人。温柔细心的女人,就像是冬日里的一枝腊梅,一片雪花,流露出无尽的娇媚;温柔细心的女人,就像是一滴雨珠,“随风潜入夜,润物细无声”;温柔细心的女人,更像是一双纤纤细手,知冷知热,知轻知重。

美亚早上就接到了通知她去面试的电话,她慌乱地从家里出来,拦了一辆出租车就向公司赶去了。在出租车上,她显得有点紧张,之前她一直犹豫是否向这家著名的早教公司投简历。因为她在同学那里得知,有很多大学生都慕名而来，但是只有极少数的人才会被录用，在犹豫再三之后，她还是鼓足勇气投了自己的简历。

下了出租车，美亚的心已经开始平静下来了。她来到公司大门口，正准备进门，突然听见一个小女孩的哭声。她看见在公司门口，一个打扮得像洋娃娃一样漂亮的小女孩正在伤心地哭。美亚微笑地走过去，亲切地问道："小妹妹，你在哭什么？和妈妈走散了吗？"小女孩扬起满是泪水的脸，断断续续地说："嗯，呜呜……妈妈进去了……我找不到她了……呜呜……"听了一会，美亚才明白她是跟妈妈走丢了，她拉着小女孩的手，耐心问道："那你吃早饭了吗？"小女孩摇了摇头，美亚想着自己也没有吃早饭，于是就拉着小女孩出去买早餐了。

吃过了早餐，美亚得知小女孩的妈妈是在这家公司上班，她就拉着小女孩走进了公司大门。这时，从里面冲出一个气质出众的女士，她一把搂住小女孩，亲了亲她的脸颊："小宝贝，你去哪里了？不是叫你在那里等我吗？"她看了看小女孩手上拿着的牛奶，又看了看美亚，有些好奇地问："这位大姐姐是谁？你新交的朋友吗？怎么没有给妈咪介绍？"美亚微笑地作了自我介绍，那位女士有些惊讶地问道："你是来面试的？"美亚点点头，女士拿出自己的名片："我就是这家公司的总经理，很高兴你能成为我们公司的一员，稍后我带你去人事部门报道，谢谢你照顾了我的女儿。"

美亚非常高兴，跟着那位女士进了公司。

也许美亚根本就没有想到自己能够成功地被录取，但当她细心照顾与妈妈走散了的小女孩时，这一举动就显现出了自己的温柔细心，而早教公司正需要这样的员工。于是，她没有经过任何正式面试就直接被破格录取了。

温柔细心的女人会把自己的生活打理得有条不紊，精致细微，这样的女人对于很多男人来说，拥有致命的吸引力。她会发现你毛衫上的小球，会发现你袜子上的小洞，她会亲手把它们处理得连你都找不到痕迹；当你尤意之间说一句"我嘴里有个泡，很痛"，等你回到家，她已经为你买好了意可贴；她会小心地给你清除手指上的倒刺；她会将你明天需要穿的衬衣和领带熨好后挂在衣帽间。相信,每一个男人都希望遇见这样一位温柔细心的女人,因为有她的呵护,自己会有更多的精力在外面拼搏。

做一个有魅力的女人,学会把温柔与细心融入到日常生活的点点滴滴之中,努力修炼自我,你的生活将是充实、快乐、幸福的!

驰骋职场的女人优雅依然

如果说女人似水,那么优雅的女人就可以水滴石穿,用睿智来获得爱与尊严。很多女人会有一番自己的事业,有一份自己喜欢的工作,事实上,即便是驰骋于职场的女人,依然少不了优雅的姿态。有的女人创建了自己的一番事业,她们被社会冠以"女强人"的称号,在工作上,她们与男人并驾齐驱,甚至稍胜一筹。但是,在繁重的工作压力下,她们逐渐远离了优雅:在办公室里,大声斥责做错事情的下属;面对下属的问候,她冷冰冰地回应;永远是那套黑色的职业装,一副黑框眼镜,一张冷若冰霜的脸。公司到处流传着她的"趣闻轶事",下属在她背后悄悄议论她,连自己的女儿都不敢亲近她。这样的职场女性,即便获取了再大的成功,也难以弥补那失去的优雅。

作为一个女人,即使你纵横驰骋于职场,也要学会做一个优雅的职场丽人。许多女人一旦进入了职场,就会失去自己的优雅:她们在充满是非的办公室里,会忍不住大嘴巴起来,也开始加入到绯闻制造室里;在钩心斗角的同事之间,她们也学会了打小报告、告黑状;甚至有的还把办公室当成了大舞台,任意表现自己的性感美、妆容美。其实,这样的女人都是不受上司和同事喜欢的。真正的职场丽人是优雅的,无论是说话做事,她们身上都会流露出一种迷人的气质。她们有着自己独特的气质,有着得体大方的装扮,总是面带微笑,适时表现出女性的温柔。优雅的姿态使得她们成为了办公室瞩目的焦点,成为了异性同事尊重的对象,成为了职场姐妹羡慕的丽人。那么,女人该如何来打造自己,使自己成为一个优雅的职场丽人呢？

1.得体大方的装扮

一般而言，女性的外表形象比男性更重要，因此，女性的打扮是否得体大方决定其优雅程度。职场女性的打扮，并不是简单的涂脂抹粉，而是要追求一种自信和雅致，自然地显露出内在的优雅。所以，职场女性打扮要讲究得体大方，要穿出自己的风格，展现自己的个性。

你可以适当化妆，这是对自己的尊重，也是对他人的尊重，但妆容要自然浅淡而不是浓妆艳抹；发型要简洁明快，头发或长或短，或曲或直，都一定要梳理整齐，不要把太流行的发型带到办公室，这不符合工作环境；指甲要修剪整体，最好是短或者中长，指甲油的颜色尽量为淡颜色，不要在办公室修剪指甲；身上佩戴的首饰不宜过多，不要戴耳环，最好是戴耳钉，戒指也不要太多，项链不能太粗、太长；要穿与裙子相配的鞋子，与鞋子相配的袜子，鞋子要干净整洁，袜子不要有破洞。

2.有修养、有气质

女性在办公室里，要表现出广博的知识、高雅的兴趣、高尚的情操、宽广的胸襟，这样会为你增添迷人的气质。另外，千万不要背后谈论他人的是非，而应把自己的全部精力投入到工作中去，因为认真的女人才是最美丽的。

3.美丽的微笑

当你在公司门口偶遇同事、上司时，不妨亲切地打个招呼，露出你最美丽的笑容。对于每个女人来说，你的微笑就是最好的名片，也是向他人传递热情、温馨的介绍信。在办公室里，对那些天天都见面的同事微笑，表示你的友好；对曾经有过矛盾的同事微笑，表示你的宽容；对新来的同事微笑，表示你的随和；当遇到困难时，对自己微笑，表示你的自信。有时候，一个微笑胜过了千言万语。

4.适时表现自己的温柔

职场女人也有自己的温柔，它可能是走进办公室里的时候，脸上露出的微笑；它有可能是在自己倒水的时候，顺便为同事也接了一杯水；它有可能是在同事受到上司的训斥时，拍拍对方的肩膀以示安慰。在办公室里，职场女性应适时表现出自己的温柔，为冰冷的办公室增添一份亮色，也可以建立融洽的人际关系。

5.善听、善坐

职场女人要善于倾听，仔细聆听他人的话语，这是一种尊重，也是一种优雅的表现。不要在谈话中随意打断对方话题，也不要充耳不闻，更不要没有理由地向对方发火。另外，还需要优雅的坐姿，双膝并拢，两手放在膝上，端正身体，展现出女性的端庄稳重，落落大方，给对方以娴静、优雅的美感。

情趣高雅的女人谈吐不凡

女人要想自己拥有与众不同的魅力，就要学会培养自己的高雅情趣，装点自己的生活。一方面，高雅的情趣可以陶冶情操，提升自己的修养；另一方面，也可以为你打发一些无聊的时间。一般而言，拥有高雅情趣的女人，一定是气质优雅、风姿迷人的女人。拥有高雅情趣的女人，她们热爱着生活，善于丰富自己的生活，即使在休息之余，她们也不会感到孤独寂寞，因为有着一种兴趣爱好，她们的生活将会非常充实。拥有高雅情趣的女人，一定有着不凡的谈吐，因为高雅积淀了修养，情趣升华了气质，无论是说话还是做事，她们都显得独立而自主。做一个有魅力的女人，要学会培养高雅的情趣，来提升自己内在的气质与修养。

在古代，对女子的要求是琴棋书画样样精通，这样的女子才情过人、谈吐不凡，即便是没有美丽的容颜，那也是受人瞩目的才女。但现代的女性大多只会弹奏一种乐器就算是比较高雅了，因此，拥有高雅情趣的女人可以说是“物以稀为贵”，越来越受到人们的喜爱。她们就如同陈年老酒，韵味悠长，清远幽香，越是久远，越是醇香。其实，每一种高雅的情趣都是气质的历练：若你去学习弹奏乐器，它会帮助你变得如流水般柔和；若你喜欢上插花，你就会发现生活原来可以这么美丽，于是也会变得更加坦然；若你喜欢上了书法，它会帮助你磨炼耐心，使你变得娴静而温雅。在我们生活中有很多高雅的情趣，只需要你自己慢慢去寻找适合自己的，比如唱歌、跳舞、书法、绘画、插花、爬山、运动、烹调等，只要是你喜欢的并坚持下去，你的生活就会变得绚丽多彩。

在古代皇宫，一些出身于官宦之家的后妃，由于受家庭环境的影响，从小便能受到良好的教育，再加上她们天资聪慧，勤苦好学，因此，无论是在学识方面，还是在才艺方面，这些后妃都有一些过人之处。

唐高祖李渊之妻窦氏在书法方面堪林高人一筹。窦氏小时候就天资聪慧，不仅读书多，而且记忆力也很好。“读《女诫》、《列女》等传，一过辄不忘。”窦氏年纪虽然不大，志向却很高，当杨坚代北周建立隋朝后，当时 14 岁的窦氏，气得从床上跳下来说：“恨我不为男，以救舅氏之难。”

李渊虽然常习武，却一直爱好书法，他经过了多年的临摹研习，形成了别具一格的“龙爪书”。同样喜爱书法的窦氏，自从嫁给李渊后，经常与李渊一起练习书法。时间久了，窦氏的书法竟然与李渊不相上下，两人的作品放在一起，居然分不出来。不仅如此，窦氏还写得一手好文章。

窦氏聪明伶俐，机智过人，才华横溢，深谙书法，这样的女人无疑就是男人的红粉知己。在很多时候，能够让无数人瞩目的并不是女人美丽的容颜，而是那不凡的谈吐，那高雅情趣积淀出来的迷人气质。

魅力女人，应学会培养高雅的情趣，为自己增添耀眼的光芒。当然，想要培养出高雅的情趣，并不是一朝一夕就能够做到的，正如不凡的谈吐也并不是简单就脱口而出的。想拥有高雅的情趣，你需要乐观的生活态度，善于发现生活的美；有强烈的好奇心，培养广泛的兴趣爱好；多阅读书籍，丰富自己的文化生活，提高审美能力。你必须知道，高雅的情趣其实是对生活的热情、对生活的兴趣和感受。乐观幽默的生活态度是陶冶高雅情趣的条件，而丰富文化生活则是陶冶高雅情趣的重要途径。

在我们生活中，有众多的高雅情趣，你只需要挑选其中的一种即可。你可以欣赏音乐，那些旋律动听的乐曲、歌曲，可以为你冲走一些烦恼和忧虑；你可以爱好摄影，当你把生活中美好的人和物定格下来的时候，也会感受到无比的幸福；你可以选择读书，一本好书可以让你的精神世界丰富起来；你可以学习一种乐器，或者是钢琴，或者是吉他，或者是小提琴，不需要很多，只要一种就好；你可以参加有意义的活动，比如爬山、旅游，或者进入情趣学习班，学学插花的艺术，烹调的艺术。即便是你只有一种高雅的情趣，那也是很好的，这样可以让你的谈吐更加自信，更加卓尔不群。

第四章

雅致女人，注重气质修养

对于女人来说，天生丽质虽然能够倾倒众生，却无法拥有恒久的吸引力。一个女人不仅要有女性特有的魅力，更要注重自身的气质修养，这样，即使青春远逝，仍然能够保持永久的魅力。也许，气质修养远不如娇艳的容颜那么令人心醉，那么富于诱惑，但它却更深沉，更动人，更长久。因此，真正有魅力的女人是拥有高雅气质修养的女人，这些是无法伪装出来的。女人要注重气质，才能够绽放恒久耀眼的光芒。女人要做一个有主见的气质女人，做一个从容淡定的女人，做一个时尚的气质女人，做一个蕙质兰心的女人。容貌的美丽犹如水中月镜中花，只能在人们的感官上留下短暂的美感，而内在的气质与修养却可以延缓衰老，使女人永远年轻，在人们心里留下无穷的韵味。

有主见的女人更迷人

每个女人都希望拥有恒久的魅力，做一个有魅力的女人，对于很多女人来说，或许是需要花一生的时间去追寻的一个梦。在我们的现实生活中，有不同的魅力女人：她的魅力可能是端庄典雅，她的魅力可能是极富诱惑力的性感之美，她的魅力可能是清纯善良。但是，在她们身上所表现出来的美丽，总会有消逝的一天，而只有人格独立的女人才是永恒的魅力女人。当一个女人的人格获得了独立，那么她就会有自己的想法和观点，她就是一个有主见的女人。时代赋予了女人更多的财富，比如知识、能力，女人不再是“无才便是德”，她们在自己的工作和事业上也可以独当一面，甚至创造出自己的一片天空。她们逐渐有了自己的追求，不再把男人当作自己的全部。无论是说话做事，她们都会有自己的想法和意见，走自己的路，让别人去说。事实上，这样有主见的女人才是迷人的，也更加有吸引力。

心理学家认为，女人往往是感情胜过理智，这使得她们在对待友情、事业、婚姻上显得优柔寡断。其实，这是阻碍女人发展的致命弱点，很多女人把自己定格为“弱者”，似乎自己就是任人摆布的洋娃娃，不会自己说话，不会自己做事。当她在友情、事业、婚姻里遭遇了痛苦，她只会抱怨他人的薄情，自己的命苦。其实悲剧都是由自己造成的，当你已经失去了自我时，又怎么会让别人来看重你呢？所以，女人要学会人格独立，做一个有主见的气质女人。只有你看重了自己，别人才有可能会重视你。而那些有主见的女人，她们往往容易突破常规，容易坚持自己的原则，容易按照自己认定的方向坚定不移地走下去，因而她们更容易获得成功与幸福。有主见的女人，她们的气质最迷人，也是最富有智慧的女人。独立的人格成为一种无形的力量，使女人有了自己超凡脱俗的追求，表现出卓越的才能，帮助女人提升品位，使自己趋向于完美。即使在纷繁复杂的社会里，她们也能够占据一席之地，且不断地展现出自己女性的气质美。

小乐和老公是大学同学，当时性格内向的小乐暗恋了那个男孩三年，到大四那年，才经过朋友的撮合，走到了一起。小乐很爱她的老公，大学毕业后为了跟他留在同一座城市，她毅然放弃了高薪的工作。一晃他们已经结婚十多年了，小乐却从来没有和他吵过架，因为小乐有点害怕自己的老公，不敢跟他吵架，怕因此破坏他们之间的感情。老公在工作上也是平步青云，工作越来越忙，总说需要在公司加班而留在单位宿舍住。小乐隐隐觉得老公是在回避自己，回避这个家，但她依然很相信他。

直到有一天，小乐偶然在老公的衣服口袋里掏出一张纸条，一看字迹就知道是女人写的，纸条上用极其暧昧的语气诉说着思念，小乐有些呆住了。但她还是把纸条塞进衣服里，想来想去，还是没敢和老公说起这件事情，只是在心里担心。没想到过了几天，小乐在商场的时候，无意中看见自己的老公和一个女人手拉手，显得十分亲密。小乐悄悄地跟在他们后面，看到他们一起看电影，一起吃饭，两个人有说有笑，看起来非常开心。小乐不敢走上前去，只好跟在后面，最后，还看到他们一起走进了酒店。当天晚上，回到家的小乐彻夜难眠，她想也许是自己太放纵老公了。

小乐一个人想了好几天才鼓起勇气向老公提起这件事情，没想到老公居然毫不隐瞒地承认了，并问小乐想怎么样。小乐没有吵闹，只是流着泪苦苦哀求老公不要再继续下去了，看在孩子还小的分上，希望老公能够回心转意。可是无论小乐怎么哀求，老公都缄口不言，他好像已经铁了心肠。

其实，女性的心思虽然细腻敏感，但同时也需要进行理性的思考，有自己的主见。小乐一味地忍让并不是夫妻之间的相处之道，小乐不敢与老公吵架，并不是她没有一丝怨言，而是她太软弱了，对老公总是百依百顺，委曲求全，没有自己的想法，从而失去了自己。两个人之间的感情是需要共同付出和培养的，如果你不懂得如何经营，只会依附对方，那么最终只会让感情走向破裂。

当然，女人有主见并不意味着固执己见，更不是孤芳自赏。有主见的女人也要善于听取他人的意见，善于把自己的想法说给他人听，取得对方的认同和支持。真正有主见的女人，并不会固执和任性，更不是只相信自己。有主见的女人更需要灵活地来处理各种事情，在相信自己的同时也需要考虑他人的意见，不一意孤行。因为，有主见的小女人比固执的大女人更容易获得成功与幸福。

独立有主见的女人，她的身上有一种持久深刻的魅力。有主见的女人是可爱的，从骨子里流露出来的独立，让她们更容易获得爱情和幸福，男人也许喜欢女人的温柔贤惠，但更喜欢女人的独立。有主见的女人是快乐的，她不会盲目地听从别人的话，也不被他人的言论所左右，她掌控了自己的人生，所以走得更加坦然。有主见的女人是勇敢的，她们敢于做其他女人不敢做的事，遇到挫折会勇敢面对，敢于逆水行舟，不害怕他人的嘲讽，坚持自己的路。做一个快乐的独立女人，走自己的路，让人羡慕去吧！

心境从容淡定的女人有气质

纵然岁月无情地流逝，即使青丝已经变成了白发，从容淡定的女人却总能够寻找出生活的乐趣，总是会发现生活中不经意飘逸的美。也许，她们已经经历了一次又一次的悲痛，在人生的路途上一次又一次地遭遇挫折与困难，但是她们依然微笑着面对生活，依然从容淡定地看这世界的花开花落、云卷云舒。从容淡定的女人，在经历了无尽的风霜雨雪之后，更加懂得了宽容，更加懂得了感恩，在她们身上，呈现出历尽沧桑却依然随遇而安的美丽。从容淡然，这是一种人生的境界，这种境界，给人以宁静优雅，给人以简单韵味，给人以清远幽香。在那缤纷的路上，从容淡定的女人以矫健的步伐缓缓前进，时光把她们定格在最美丽的一瞬间。

古人说："落花无言，人淡如菊。"用这句话来形容从容淡定的女子再合适不过了。从容淡定的女人如一杯清茶，散发淡淡香味，让人回味悠长。在她们的身上，从容淡定已经是一种繁华落尽之后的平淡，是一种宠辱不惊的从容，是一种笑对人生风雨的沉着，是一种历经沧桑的智慧。做一个从容淡定的女人，不需要美丽的鲜花，不需要醉人的掌声，只需要生命中的淡然和淡然中的从容。从容淡定是一种优雅，是智慧的不争，是一种对简单生活的追求。

胡因梦，1953年出生，辅仁大学德文系肄业，20岁主演《云深不知处》，从此开始了15年的演艺生涯。她在35岁毅然决定停止演艺工作，专心有关身心探索的翻译与写作，第一次将克里希那穆提的著作引介到台湾，并著有《胡言梦语》、《茵梦湖》等书。

在她20多年的翻译过程中，她认为翻译是一种自我洗涤，每翻译出一本就可以跟读者分享。她曾从容淡然地说道：“就像做义工一样，将思想引介过来，回馈给社会，做和演艺工作截然不同的事情。”同时她认为：“好的翻译不能直译，还有心灵相译的部分，然后是节奏感，翻译最重要的是韵律……”李敖前妻的身份曾让她备受关注，但现在的她依然备受瞩目，她凭着自己的聪慧，自己独特的追求，做了自己喜欢的事情。

李敖曾经说过，如果有一个新女性，又漂亮又漂泊，又迷人又迷茫，又优游又优秀，又伤感又性感，又不可理解又不可理喻，一定不是别人，是胡因梦。在经过了岁月的沉淀后，胡因梦的从容淡定显得更加有魅力。

女人的一生，淡到极致的美丽，是淡定而从容。薛宝钗曾经这样赞叹白海棠：“淡极始知花更艳，愁多焉得玉无痕。”正因为海棠花的淡雅至极，所以才显得更娇艳。而从容淡定的女人也是一样的，正是超凡脱俗的一份淡然，不沾尘世的气质，所以美到了极致。

在宁波与温州之间有个地方叫台州，台州有个地方谓之黄岩，据说那里生活着一群从容淡定的黄岩女子。

黄岩女人给人的印象总是不冷不热，不温不火，淡定的谈吐，得体的衣饰，就如同飘忽在黄岩天空的云，云淡且风轻。黄岩女子喜欢过安逸的小日子，黄岩是个富庶的地方，所以造就了她们“民静而安，素朴而俭”的生活态度。她们善良本分，内心平静，感情细致踏实，不会好高骛远，更趋向追求一种安静的生活。也许，她们的眼界不太开阔，心思也不太活络，有点世故但不令人讨厌，有点拼劲但不会拼命。黄岩女子很会过日子，她们看上去可能不够干练，可能不够精明，但这样没有心计的她们反而把简单的生活过出独特的味道。

黄岩女子已经把从容淡定作为一种生活态度，淡定地面对喧嚣的尘世，活出自己的精彩，活出真实的自我。“春卧小楼听夜雨，夏临清池赏新荷，不以秋悲伤怀，不以冬寒蚀志”，她们简单地活着，善良、坦率地活着，细细品味人生的况味，享受人生的乐趣。

做一个从容淡定的女人，不要为自己的平凡而叹息；做一个从容淡定的女人，不要为了争强好胜而绞尽脑汁；做一个从容淡定的女人，不要为了别人的窃窃私语而妄自猜疑。一分自信，一分真诚，一分淡定，一分从容。当你沐浴在四季的阳光中，款款地走来，步履优雅，神情恬静，岁月的无情只是改变了你的容颜，却永远无法改变你的心境——从容淡定。

读万卷书，丰富自己的心灵

几乎每个女人都渴望自己成为美丽的女人，尽情地绽放属于自己的魅力。然而，她们在很多时候只关注到外在的容颜，而忽视了心灵的呵护。当她们把自己的外表装点得精致至及时，心灵却是空空如也，这样的女人只会被人们称为“花瓶”。只是有光鲜的外表，而没有丰富的内在，根本就没有可欣赏的价值。要想做一个内外兼修的女人，就要学会读书，尽可能地多读好书。读书是带人类从蒙昧到文明的捷径，书也是改变一个女人最有效的力量之一。一个女人由内而外散发出来的气质、智慧、修养，大多是跟书分不开的，做一个有魅力的女人，就要尽可能地多读书。

塞缪尔·斯迈尔斯在《自助》中说：“Man is what he read 。”意思就是“人如其所读”，很多时候，一个女人所表现出来的言行举止，其实正在被他人所“读”，你的修养、气质、智慧正从你的一言一行、一举一动中流露出来。女人，就要像坚持用化妆品一样，需要保持阅读的习惯，这样才能丰富自己的心灵。肌肤需要汲取水分，也需要汲取营养，心灵与肌肤一样，它也需要汲取养分才不至于空洞，不断地积累知识，才能填满心灵的空虚。而书则是最好的养分，是最好心灵之源。新疆女作家毕淑敏曾说：“书就像微波，从内到外震荡着我们的心。”很多女人都在时代的潮流中追寻，企图追寻一种永远的时尚，其实读书就是人生最好的一种时尚，做一个魅力的女人，一定要以书为底气。

冰心是当代文坛巨匠，她喜欢天真烂漫的小孩子，所以她几乎花了一生的时间给孩子们讲了无数个平凡而美丽的故事。

她自会认字后就开始读书，7 岁时就开始读《三国演义》，12 岁开始初涉《红楼梦》，她的一生都在孜孜不倦地进行阅读，阅读了大量的中外文艺作品，这为她后来成为当代文坛巨匠奠定了基础。冰心有一句响亮的话：“我永远感到读书是我生命中最大的快乐！”她从读书里学到了做人处世的道理。

1986 年，她从日本访问回国后因为腿受伤了，就闭门不出，把“读万卷书”作为自己唯一的消遣，她几乎每天都会阅读很多的书刊，书读多了，她就会比较，有选择性地读书，这让她倾向于阅读那些真情实感、质朴的文章。在有一年的六一国际儿童节，一家儿童刊物要求冰心给儿童写几句指导读书的话，她只写了九个字“读书好，好读书，读好书”。

至今，冰心那句“读书好，好读书，读好书”的至理名言，依然鞭策着众多爱好读书的人奋力前进。“腹有诗书气自华”，一个坐拥书城的女人，即使是再普通的衣着，也难以掩盖那浑身流溢的书卷味，书代替了她们华丽的时装和昂贵的化妆品。

读书对于女人来说，是一种最好的修身养性的方法，也是最有效的方法。那些喜欢读书的女人，不会追求浓妆艳抹，而是追求一种至高无上的境界。一个会读书的女人，如果读了一本好书，就会汲取书里的好思想、好品德，久而久之，她身上自然会流露出一种优雅的气质，娴静而妩媚，高雅而迷人。这样的女子，不会结群聚在一起议论是非；不会在大庭广众之下做出无礼的举动。读书的女人，颜如玉，心如水，落落大方，优雅的举止，流淌着无尽的魅力。

女人的魅力需要来自心灵的支撑，而心灵的支撑则需要知识的养分，读书的女人是美丽的。多阅读一些好书，为自己的生命画上最绚丽的妆容，让你的一生都绽放如烟花般的美丽。

举止之美传递高雅的气质

培根曾经说："相貌的美高于色泽的美，而优雅合适的动作美又高于相貌的美，这是美的精华。"气质女人不仅仅注重自己的外在美，更注重自己的举止之美。女人的举止之美体现了其优雅的气质修养，是魅力之源。作为一个现代化女性，不可避免地会参加很多社交活动，这时候不仅需要得体的服饰和精致的妆容，还需要举手投足间表现出来的举止之美。所谓举止美，即"坐有坐相，站有站姿"。在社交场合，女性的举止之美是传递信息的符号，也是表情达意的一种方式，更是辨别雅俗的重要尺度之一。这就要求我们应该从举手投足等日常行为方面锻炼自己，养成良好的坐、站、行姿态，做一个举止端庄、优雅得体的女人。

1.优雅坐姿

优雅的坐姿会向他人传递自信、友好、热情的信息，同时也会表现出自己良好的修养。优雅的坐姿应该是：在站立时，后退能够碰到椅子，再轻轻地落座，双膝并拢，手可以放在双腿上或者身体两边。在一些公开的场合，最好不要跷腿，如果穿的裙子较短则要小心盖住。

要避免一些不雅的坐姿：双腿不宜叉开过大，无论是大腿叉开还是小腿叉开，都是极为不雅观的；将双腿直接伸出去，这样会妨碍到别人，也显得姿势不雅观；将双腿放在桌椅上，这样的举动是很粗鲁的；在他人面前，反反复复地抖动或摇晃自己的腿部，这样会让人心烦意乱；将自己的脚尖指向他人，这是非常失礼的表现；在他人面前用脚自脱鞋袜，这是非常不文明的；坐着的时候，用手抚摸小腿或腿部，既不卫生也不雅观；将手放在桌下，或者手肘支在桌子上，或夹在两腿间都是不雅的姿势。

2.美丽站姿

美丽的站姿能够彰显出女人的气质和气度，一般来说，站姿的基本要求就是挺直、舒展、线条优美、精神焕发。美丽的站姿应该是：把身体的重心放在一条腿上，另一条腿则微曲，两肩放平，腰部挺直。如果你是站着等人，还需要注意来人的方向。需要避免的站姿：两脚分开太大；交叉两腿站立；两肩不平衡，一个肩高一个肩低；两只脚在地上不停地划弧线；交腿斜靠在马路旁的栏杆、招牌上；和朋友勾肩搭背地站着。

3.潇洒走姿

一个人的走姿是站姿的延续动作，与站姿不同的是，走姿有着行走的动态美。走路的正确姿势：抬头挺胸收腹，腰背挺直，目光平视前方，双臂自然下垂，手掌心向内，以身体为中心前后摆动。要保持步履轻盈，既端庄文雅，又显示出温柔之美。

当然，在现实生活中，我们需要注意几种特别的走姿。走楼梯的时候：需要走专门指定的楼梯；不要在楼梯上停留太久；坚持“右上右下”原则；注意礼让别人，不要和他人抢道。进出电梯的时候：使用专用的电梯，不要和来访的客人搭同一部电梯；谨记“先出后进”的原则；尊重身边的乘客，进出电梯需侧身而行，进入电梯尽量站在里面，下电梯前需换到电梯门口。出入房间：当你需要进他人的房间时，需要轻轻叩门或按铃；开关房门，最好是反手关门、反手开门；谨记“后进后出”，和别人一起进门或出门的时候，要请对方先进门、先出门。

4.动人眼神

眼神也是一种极具表现力的“体态语”，运用好自己的眼神会为你的整体形象增添不少魅力。眼神可以反映出一个人心中的情感，动人的眼神给人以魅力，宁静的眼神表达稳重，快乐的眼神表现青春，诚挚的眼神表达信赖。因此，女人在社交场合，要从眼神中流露出热情、友好、善良、坦荡、真诚，这样才能体现出举止之美，需要避免“盯视、斜眼、眯眼、瞟视、鄙视”这样的眼神。

女人的气质不与时尚脱节

“时尚”这个词现在已经很流行了，走在大街上，无意中就会听见从人们嘴里冒出的“Fashion”；在各大报刊媒体上，也都能看见它的影子。追求时尚似乎已经蔚然成风，对于经常奔波于生活与工作之间的气质女人，千万不要对“时尚新闻”充耳不闻，把自己变成一个老古董。当满大街都在谈论时尚的时候，你依然还是那副装扮，平淡无奇，会让他人感觉不到你的存在。因此，即便是“氧气型”的气质美女，也不要与时尚脱节，学会为你的生活增添新鲜空气，为你带来不一样的美丽。

但是，当时尚的浪潮一浪接一浪地向你拍打过来的时候，作为气质女人，你该如何来面对呢？做一个聪明的气质女人，将时尚元素融入自己的个性风格，要选择适合自己的时尚服饰，在衣橱里要必备一些不可少的经典款式，精美的配饰会为你的时尚锦上添花。这样你才能在时尚的浪潮里不迷失方向，又能表现出无与伦比的魅力。

1.在时尚中融入个性风格

每个人都有自己的穿衣打扮风格，气质女人在关注时尚的时候，千万不要盲目地跟随潮流，一味地追逐潮流。没有绝对的时尚，真正的时尚是穿出自己的个性风格，标榜出自己与众不同的魅力。时尚是日新月异的，并不是每一个人都能紧跟它的脚步，当你极力追求时尚的时候，只会失去了自己的风格。聪明的气质女人，不会让时尚成为自己的负累，而是让时尚符合自己的个性。保持自己独立的风格，再把时尚元素融入其中，这才是气质时尚女人的个性魅力。

2.适合自己的时尚才是最好的

在商场里,并不是每一件模特身上的衣服都是适合自己的,只有适合自己的才是最好的。因此,当时尚的风潮刮遍大街的时候,你千万不要盲目地购买一些根本不适合自己的服饰,而应把适合自己的时尚带回家。

3.必不可少的经典款式

很多女人都有这样的穿衣心得,许多款式常常只会流行一阵子,当时尚的旋风一过,就成了压箱底的了。因此,聪明的气质女人要学会在自己的衣橱里多准备几件可以百搭的经典款式,不仅可以搭配不同的风格,而且永远不必担心会过时。一般来说,最经典的颜色是黑白两色,其实你在选择一些需要搭配服饰的时候,不妨也选择这样的颜色。比如,白色的衬衫,它几乎在任何季节也会用到,而且绝对不会落伍,你可以用丝巾、领花、披肩、皮带相搭配,就可以表现出自己百变的魅力。

4.精美的配饰为时尚锦上添花

聪明的气质女人要学会为自己的服饰搭配一些精美的饰物,这样可以为时尚锦上添花。即便是同一件衣服,搭配不同的饰物,都会穿出不同的味道;简单的款式,如果加上一两件精美的饰物,也可以增添几许浪漫的色彩。饰物在服饰的整体搭配中,往往能起到画龙点睛的作用,聪明的气质女人需要灵活运用它们。

也许,很多女人对时尚理解有误差,她们总认为时尚就是最新潮的服饰、最夸张的发型、最另类的装扮,这只是时尚的外在表现。真正的时尚是一种生活方式,更是一种焕然一新的生活态度,要想做一个气质女人,就更应该懂得时尚地生活,学会用时尚来装点自己的生活,为自己的气质也多增添一分时尚元素。

不断充实自己的女人更贴近幸福

有人说:二十岁的女人的美丽是父母给的;三十岁的女人的美丽,一半是父母给的,一半是自己的;而四十岁以上的女人的魅力全是自己的。这话说得有一定的道理,当我们还年轻的时候,可以任意挥霍着青春与美丽,不用化妆品也娇艳如花。年轻的我们有资本,但是一旦经过了无情岁月的洗涤,我们逐渐变得苍老,美貌已经不复存在。所以,我们要做一个蕙心兰质的女人,即使在纷繁的世事牵累、终日的忙碌中,也偷出空闲来充实自己,不断地丰富自己,永葆自己的魅力。

女人应该是一本书,一页页白纸上满载丰富,让人常读不厌;女人应是一坛陈年佳酿,一点点沉淀,流淌出幽远醇香,让人愈品愈有味;女人应是一段动人的旋律,一个个音符,弹奏出优美的音乐,让人陶醉其中。真正有魅力的女人,懂得不断地充实自己,不断地丰富自己,使自己的魅力如山间涓涓细流,不停地流淌着。

20年前,杨澜凭借着《正大综艺》在国内家喻户晓,好不容易在央视站稳了脚跟,她却突然宣布退出《正大综艺》,前赴美国私立纽约大学电影电视系攻读硕士学位。当时,很多观众感到不解:杨澜在《正大综艺》主持得好端端的,干吗又要留洋呢?面对众人的不解,杨澜真诚地向观众说出了自己的心里话:自己学生时代的贮藏基本耗尽,深感“电力”不足,急需“充电”。原来,杨澜出国留学不是为别的,而是为了进一步把节目主持好,追求更高层次的艺术品位。

杨澜在美国留学期间,也曾被问道“在国内发展那么好,为什么还选择读书”,杨澜坦然表示“年轻时最重要的资本不是青春、美貌和充沛的精力,而是你拥有犯错的机会,不要为青春留白。如果年轻时不能追随梦想,去为自己认为值得做的一件事冒一次险,哪怕犯一次错,那青春将是多么苍白啊”。从美国回来多年,杨澜迈向了事业的一个又一个高峰,恰是那次“青春的犯错”才为她积蓄了一生最珍贵的财富。

在获得了如此大的成就后,杨澜却毅然放弃了红红火火的事业,远赴美国“充电”,不断地扩展新的知识,丰富自己的心灵世界。事实证明,她当初的选择是正确的,正是那个果断的决定,为她积蓄了一生的财富,使她收获了事业的丰硕果实。

在我们现实生活中,优秀的女人越来越多,而社会知识更新却越来越快，如果不及时充实自己，丰富自己，再优秀女人，也很快就会变成一个营养不良的女人，会逐渐被社会所淘汰。因此，女人应该不断地充实自己，学会不断地为自己“充电”。当然，充实自己的方法很多，并不只是简单地看书学习，你可以欣赏一部出色的电影，可以不时地翻阅一些时尚杂志，可以重拾早已经落下的英文。只有不断地充实自己，你才能在纷繁复杂的生活中游刃有余，潇洒自如，也会使你的生活变得丰富多彩。

对女人来说，养心比养颜更重要，容颜会被岁月无情地摧毁，但心却不会——只要你每天多读书，及时补充精神营养，滋润即将干枯的心灵，不断地充实自己，做一个蕙心兰质的女人。你可以欣赏轻松的音乐，你可以读读别人的文章，你可以听听别人的故事，汲取自己所需要的养分。当你已经不再年轻，不再漂亮时，你就会意识到那些看似不经意的积累却是你一生用不完的财富。成熟的女人，更懂得充实自己的内心，她们已经过了如花似玉的年龄，在这年龄阶段更需要自我充实、自我丰富、自我陶冶。当你拥有了丰富的内心，丰厚的知识后，你才会拥有属于自己的一片天空。做一个不断进取的女人，一个不断充实自己的女人，使自己越来越完美，向幸福不断地迈进。一个女人，只有在不断的学习中才能取得进步，才能获得成功，才能收获幸福。

第五章

魅力女人，练就十足韵味

有韵味的女人并不需要有多漂亮，只要看上去很舒服，那就够了，她们有着母亲的慈爱，妻子的贤淑，女儿的孝顺，一举一动里透出涵养、聪慧与贤达，一言一行，透露出独特味道。有韵味的女人，是善良的女人，她们待人友善，容易亲近，有着自己的做人和生活的原则；有韵味的女人，是淡雅的女人，有着清水出芙蓉的自然之美，洁净而雅致；有韵味的女人，是健康的女人，有着一颗阳光般的心，乐观面对生活。对女人来说，韵味是各有不同的，也许是那低调内敛，也许是那深邃的思想，也许是那低头的娇羞之态，也许是那迷人的眼神，也许是那柔风细雨般的音色之美。女人，不一定要有多漂亮，但一定要有独特的韵味，有韵味的女人才最有魅力。

女人要找到自己独特的韵味标签

韵,即韵律;味,趣味也。每个女人都有自己不同的独特韵味,正因为“独特”,所以显现在自己身上的时候才会倍加珍贵迷人。有的女人的韵味是低调内敛,她们平静如水,清心内收而洞明凡尘,给人以“言有尽而意无穷,景有尽而情不尽”的遐想;有的女人的韵味是深刻的内涵,她们有着一颗乐观而宽容的心,看似一幅简单的画,里面却蕴藏着无尽的资源与宝藏;有的女人的韵味是娇羞之态,欲说又止,“犹抱琵琶半遮面”,流露出最动人的色彩;有的女人的韵味是动人的眼神,“回眸一笑百媚生”的娇媚,无尽的忧愁,打动人心。独特韵味的女人,她的美来自骨子里,“零落成泥碾作尘,只有香如故”,那是一种精神,更是一种气魄。

1966 年 11 月 17 日,苏菲·玛索出生于法国巴黎市郊,这个平凡小女孩的父亲是一个经常在外的卡车司机,家境并不富裕,却培养了她坚忍不拔、独立的个性。那时候的苏菲对电影一窍不通,也不知道电影是怎么拍摄出来的,更没有想到自己会成为法国最著名的女明星。进入演艺圈的苏菲凭着《勇敢的心》闻名世界,之后她从美国回到法国开始了自己的导演生涯。

苏菲·玛索被法国男人誉为“永远至爱”,她有着一双清澈、忧郁的褐色大眼睛,就是这双眼睛让全世界为之倾倒。这位法国最漂亮的女人,个性浪漫优雅,甜美多情,仿佛是为爱情而生,兼有西方人的性感、东方人的神秘,浑身散发出一种魅力,那是不可动摇的迷人气息。

苏菲的韵味在于她个性浪漫优雅,而又坚忍不拔,总是慢慢流淌着属于自己的美丽,让人陶醉其中。

张曼玉的身上有种独特的韵味,即便是你用一切雍容华贵的形容词来形容她,都会显得“言有尽而意无穷”。虽然,她的美丽也在无情岁月的流逝中慢慢老去,但是她那盈盈作笑、摇曳风姿的独特韵味却越来越浓厚,越来越醇香。

昏黄的灯光下，那不知疲倦的风扇，还有收音机里咿咿呀呀的曲子，她身着中国旗袍，蹬着高跟鞋，慢慢地扭动着她那苗条的腰肢，摇曳着曼妙的身影，展现了中国女人的全部含蓄的韵味。给人印象最深的依然是她隔着重重的栅栏轻轻地那一回眸。于是，袅袅婷婷的背影中，那紧身清雅的旗袍包裹下的一个女人的温柔和欲望便全部展露无遗。

有人说，张曼玉全身上下都会说话。即使是一个轻描淡写的转身，都会透出逼人的华丽；而她那自然清新的从容一笑，就如同凸显了灵韵的山水，不禁让人沉醉其中。不管是她的肩头，她的步态，或是她脸上的失落，都会流露出独特的韵味，尽情地展现她迷人的魅力。

张曼玉独特的韵味似乎已经成了娱乐圈的一个神话，她根本不需要刻意地去装扮自己，就能够使自己的韵味一点点地流露出来，她已经是一个传奇了。韵味女人的美就像是一眼古井，虽然清澈却深不见底，即使在喧嚣的都市繁华中，她们依然保持着那份内心的宁静，提炼着自己独特的韵味。

女人，要学会寻找自己独特的韵味标签，那是你独一无二的魅力，是你一生的耀眼光芒。像张曼玉一样，以独特的嗓音向人们说：“我和她们不一样。”善于发现自己身上的独特之处，慢慢提炼出自己的独特韵味，或是内敛，或是张扬，或是娇羞，或是淡然，或是雅致，或是动人，或是娴静。每个女人的美丽都是与众不同的，韵味也是如此，只有适合自己的才是最好的。或许有人说，韵味是成熟女人的专利，但你依然拥有追求它的权利。

低调内敛的女人惹人倾慕

在现实生活中，有的女人习惯于高调的华丽，无所顾忌地释放自己的魅力，张扬不羁，哗众取宠，最后只能一个人偷偷地哭泣。其实，很多女人忽视了一个最珍贵的品质，那就是低调内敛。当随着岁月的流逝，皱纹一点点爬上脸庞时，女人的心里就会有强烈的感触，那就是：做一个低调内敛的女人。佛说："放下，无执著，无分别，从而得到自在。"学会做一个低调的女人，低调是一种放低姿态，一种放低水准，一种放低感觉，一种放弃失望。为什么我们总是感叹活得很累，为什么我们总是抱怨"失望太多，希望太少"？事实上，在很多时候，并不是上帝没有赋予我们希望，而是我们期望太高，所以失望太多。低调内敛是一种处世态度，更是一种做人的态度。当你习惯于高高在上的表演，获取万众瞩目的时候，却时刻担心自己会不小心从云端跌下来。与其整天活得胆战心惊，还不如选择另外一种生活方式，做一个低调内敛的女人，让别人去倾慕。

低调内敛的女人，就是无论遇到什么事情，都会保持平和的心态，从容不迫，以一颗平常心去看待和处理发生在身边的事情。一份娴静，不浮不躁，用平静的心态、自然的心态去看世间的大起大落、冷暖悲欢。低调内敛的女人，就是在任何时候都不会矫揉造作，故作呻吟，她们从来都是真诚待人，不虚情假意，不道人是非，只是专注于做好自己分内的事情。低调内敛的女人，她们即使在喧嚣的都市里，依然能视而不见，只是专心做好自己。当你学会了低调内敛的做人态度，你就会觉得心已经从枷锁里解脱出来了，重新感觉到生活的愉快与轻松，体会到平静与充实之感，进而才能更多地享受生活中的幸福和快乐。

虽然身为世界首富、微软公司总裁比尔·盖茨的夫人，梅琳达·盖茨却一直显得低调内敛，不喜欢抛头露面，她多年来只是在家里扮演着贤妻良母的角色。

梅琳达出生于美国达拉斯市一个中产阶级家庭，她从小就聪明好学，1987年获得了美国杜克大学的计算机和经济学两个学士学位。一年后，梅琳达又拿下了杜克商学院工商管理硕士学位。毕业后，梅琳达进入微软公司工作，她在一次新闻发布会上认识了微软公司创立者比尔·盖茨，两人很快坠入爱河，并于1994年结婚。两人结婚后，梅琳达低调处事，她和丈夫育有3个孩子，长女珍妮弗、长子罗里和次女菲比。为了照顾孩子们，梅琳达辞去工作，当起了全职主妇。

2000 年，盖茨夫妇把他们原先建立的两个基金会合并，成立了“比尔和梅琳达·盖茨基金会”，并成为世界上最大的基金会。梅琳达虽然为基金会做了大量工作，却从不宣扬。“我不想声张我为基金会作出的贡献。”梅琳达说，“我喜欢做幕后工作。”

梅琳达身为世界首富的妻子，她的身份也受到全世界的瞩目。但是，她却一直低调处事，专心在家里相夫教子，即使为基金会做了大量的工作，却从不张扬。许多女人都愿意生活在镁光灯下，但是梅琳达却选择了做一个低调内敛的自己，这不得不说是一种迷人的韵味。

低调内敛是一种修为，是一种对人生的理解，这就需要我们把自己调整到一个平常的心态去踏踏实实做人。低调的姿态，“大智若愚，实乃养晦之术”，低调做人实则高调做事；内敛的心态，正所谓“高处不胜寒”，收敛自己的锋芒，谦和有度才会受到欢迎。低调内敛，是对自己幸福人生的一种保护；低调内敛是一种人生的智慧，更是女人独特韵味的深刻体现。

做一个低调内敛的女人，就像在水里自由自在的鱼儿，快乐、幸福地畅游着，顺势而为，自然而然，在低调内敛中快乐着、幸福着。女人的优秀品质就是低调内敛，但低调内敛是一种习惯，它并不同于思想和态度。如果你刻意地表现出低调内敛，或者一直告诫自己，这其实并不是低调内敛而是在作秀。让自己养成低调内敛的习惯，就像呼吸一样，不被人所察觉，自然而为。当你做得很好的时候，自然而然就会养成低调内敛的习惯。无论是说话做事，都不宜太嚣张，不要太张狂，很多时候，你即使做得再好，也抵不过自己太高的期望。为人低调内敛，是一种韵味，更是一种智慧。

有思想的女人让人回味无穷

笛卡儿曾说：“我思故我在。”一个有思想的女人，她的韵味独特而又悠远，让人回味无穷。有思想的女人，她总是充满了自信，无论是说话还是做事，她都会有自己的想法和观点，绝不盲目行事；有思想的女人，不甘于平庸，对什么事情都能仔细分析思考，对新鲜的事物总是充满了好奇，却淡漠金钱与名利；有思想的女人，她非常清楚自己需要什么，不需要什么，应该追求什么，放弃什么，不强求任何东西，但也不会轻易放弃属于自己的东西。杨澜曾经给许多女孩的忠告就是"做一个有思想的女人"，卡耐基也说"女人应该忠实于自己的内心"。一个有思想的女人，她在任何时候都是忠实于自己的内心的，按照自己内心最真实的想法去说话做事，不需要有太多的掩饰，不需要轻易地改变，坚定不移地走下去，最终采摘胜利的果实。

古人说："女子无才便是德。"在过去，女人因为受歧视而没有好的学习环境，但是如今却不一样了，时代赋予了女人卓越的知识与能力，许多女人不再是"外表华丽而里面空空"的花瓶，她们逐渐充实了自己，成为了有思想的女人。女人，正因为有了思想，所以才有了能力；因为有了思想，才有了高雅的气质；因为有了思想，才有了与众不同的魅力。有思想的女人，总是能从众多庸脂俗粉中脱颖而出，成为最耀眼的星星。纵然许多优秀的男人，他们在有思想的女人面前也会黯然失色。

大明湖畔，一个风姿绰约的身影，风华绝代的她是词海里绝美的记忆，清香悠远，令人回味无穷，她就是旷世才女——李清照。

李清照是中国古代才女的巅峰，她代表了一代婉约派词宗的高度，受到世人的敬仰。她本是纤纤弱女子，却轻轻地拨动了文化的厚度与深度，谱出一曲曲不朽之作。她拈花微笑，她醉人心魄，只为了灵性而诗意的婉约宋词。出生书香门第之家的李清照，并没有做一个易碎的陶瓷娃娃。她从小耳濡目染，饱读诗书，出落成一个柔情似水的才女，16 岁便写出名篇《如梦令》。她以独特的女性视角展现了真实的自我，形成了婉约而不媚俗的词风。

她的一生经历了国破，家亡，夫死，这一切并不是一个弱女子能承受下来的。她独自一个人颠沛流离，却深切关心着国家的命运，唱出了"生当作人杰，死亦为鬼雄"的慷慨壮歌，痛斥朝廷的懦弱昏庸，体现了其政治主张与爱国情怀;在士大夫提倡封建礼教的时候,她却毅然挣脱了俗礼教的枷锁,追求了自己的幸福;“九万里风鹏正举。风休住,篷舟吹取三山去”,深深地透露出她的刚强。

李清照是一个有思想的女性,她是在延续几千年的男权封建社会里开出的一朵绚烂的奇葩,是文化神殿里的一个清丽脱俗的女子。

在封建社会里处处沾满了污浊之气,但李清照却是“出淤泥而不染”,创出婉约而不媚俗的宋词风格,使得多少男人也为之汗颜。她是一位有思想的女人,她不畏于封建礼教,毅然挣脱了沉重的枷锁,追求属于自己的幸福。也许,在充斥着封建礼教的宋代,一个女子有了第二次婚姻,这便是有违礼教的行为,但她却代表了无数受压迫的女人作出了强烈的反抗。千百年来,她成了无数女人倾慕的对象,成了无数男人敬佩的女神。

1967 年,29 岁的吴仪刚刚到燕山石化,她凭着一股子干劲,从开推土机到技术员、工程师,再出任厂长、经理。有人曾说:“她几乎是从男人堆里干出来的。”在 1988 年,吴仪出任了北京市副市长,她刚上任的几个月里,几乎顾不上回家,累了就在办公室住一宿。不久之后,由于工作关系,她经常出访海外,整天都处于一个忙碌的状态,有时候午餐竟是一包泡面。

在国际谈判桌上,吴仪以其机智、干练和强硬的作风,赢得了“中国铁娘子”的美誉。1991 年,中美进行知识产权谈判。一开始,美国人态度比较嚣张:“我们是在和小偷谈判。”吴仪听了之后,立即予以回击:“我是在和强盗谈判,请看你们博物馆里的展品,有多少是从中国抢来的?”她的犀利回答让美国谈判方觉得“这个女人不简单”,美国前商务部长埃文思评价她说:“她总是面带微笑,可这微笑中能让人感到她的坚强神经和工程师般的思维。”

她曾经说:“一叶孤舟在人生的汪洋大海里飘浮,要善于找到自己心理上的平衡点。一旦找到了,别人就不能动摇我。我比较顽强,要成为自己生活的主人,不能让舆论左右我。一个单身的女人,没有这一条,很难坚持下去。”

在那个女人还没有真正撑起半边天的时代,有思想的吴仪脱颖而出,她甚至比那些有思想的男人的光芒还要耀眼,连傲视天下的美国政府也对其礼让三分。

有思想的女人,在她们身上处处闪现着睿智的光芒。有思想的女人是自信的,她不会张狂不羁,而是和谐自在,在柔弱的身躯之中跳动着一颗自信而坚强的心;有思想的女人拥有独立的人格,不做攀缘的凌霄花,也不做痴情的鸟儿,善良而独立;有思想的女人相信爱情,懂得珍惜感情,经营生活,不会因为曾经受伤而对爱情失望。有思想的女人是美丽的,有思想的女人让人回味无穷。

娇羞是女人独特的味道

对于女人来说,"犹抱琵琶半遮面"的古典情结将带着久远的清香,被人们视为心中永恒的经典。娇羞是女人的本性,也是女人最独特的味道。"羞答答的玫瑰,静悄悄地开",这不知让多少男人陶醉其中;"烟笼寒水月笼沙",更是引起了无数人的遐思;"雄兔脚扑朔,雌兔眼迷离",道出了娇羞的独特韵味。卡尔·马克思曾经说:"最好的女人就是她像一个女人。"而娇羞则是一个女人最动人的本性特点。那一抹娇羞,恰似脸上不经意飘上的红晕,恰似"欲说还休"的迟疑之态。

唯美主义大师徐志摩曾在《沙扬娜拉》中写道:"最是那一低头的温柔,像一朵水莲花不胜凉风的娇羞,道一声珍重,道一声珍重,那一声珍重里有甜蜜的忧愁——沙扬娜拉!"娇羞是"言已尽而意无穷",它为女性的神秘和朦胧披上了一层迷人的面纱。虽然,男性偶尔也会显得羞涩,但是更频繁、更迷人的娇羞却总是出现在女人的脸上。康德说:"羞怯是大自然的某种秘密,用来抑制放纵的欲望,它顺其自然的召唤,但永远同善、德和谐一致。"娇羞是一种含蓄的美,更是美的含蓄。女人的娇羞,是最动人的表情,是迷人的色彩,是文雅的举止,是温柔的蕴藉。娇羞最是女人独特的味道。

有一次，唐朝官宦在江苏扬州选美，邀请灵心善感的大诗人崔钰一同前往。

那日，美女如云，汇聚一地，她们的穿着或艳丽如火，或清秀似荷，百花闹春般地让人眼花缭乱。她们在官家的指引下站成一排，低着头，人唤之则抬头，接受检阅。崔钰在一旁默不作声，静然观察。但见其中一女子听唤其名，不作犹豫扬头直视。另一女子则腼腆娇柔婉转抬头。还有一个女子，先不抬头，再三唤之，她才慢慢抬起头来，她的目光风情万种，好像在看人又实非看人，等官家鉴定后，她又以眼光施以悱恻的一扫，才又低下头去。崔钰以他敏感的心性和深厚的学养，道出美人的真谛：这个女子羞涩、妩媚，她那脸上泛起的红晕，是含露的两片花瓣，是一章优美的律诗，是女子特有的风韵媚态。

女人的娇羞是最美丽的色彩，想看又不敢看，脸上红霞纷飞，让人欲罢不能。一个国色天香的女人，就像是从画里走出来的一样，但是如果失去了娇羞之态，就如同花儿少了香味，总是让人遗憾。女人的娇羞，是一种含蓄的美，是一种充满无限韵味的美，更是一种不可缺少的美。

女人的娇羞是一种致命的吸引力，那红娘夹着枕头送崔莺莺与张生会面的场景：鸳鸯枕，翡翠衾，羞答答不肯把头抬，弓鞋凤头窄，云鬓坠金钗。如此迷人的娇羞之态，又怎能不叫张生意乱情迷。

女人的娇羞是最醇香的一杯茶，只有细细品尝才能体味到茶味之悠远。她们不张扬而有韵味，不娇纵而内敛，和陌生人说话时会有绯红的脸蛋，做错了事情会有歉意的笑容。娇羞的女人自尊自爱，令人尊重；娇羞的女人明事理，值得欣赏；娇羞的女人举止文雅，沁人心脾。“含而不露，朱唇轻启”，任谁见了都会心生怜爱之情。娇羞，使女人不施粉黛而妩媚，不着彩衣而妖娆，因为娇羞本身就具备了吸引人的魅力。她步履轻飘，婀娜多姿，口吐幽兰，不愠不惊，而这一切使得她看起来更迷人，更加富有吸引力，更加有味道。

会放电的眼睛，打动人心

我们经常听到“会说话的眼睛”、“含情脉脉”，指的就是眼神的魅力。眼睛是心灵的窗户，眼神则是心灵的表达，当你心里在想着什么时，你的眼神一定不会说谎。而微妙的眼神无疑是最有魅力的眼神，通常人们形容女人有“会放电的眼睛”，实际上指的就是眼神的魅力。女人要练就会放电的眼睛，动人的眼神，才能够打动人心。

通常来说，恋人之间的眼神特别丰富，所有的真情都可以从眼神中自然地流露出来。大多恋人的一见钟情，就是由双方的眼神擦出来的火花点燃了爱情之火。会放电的女人，她的眼神温柔而神秘，让人久久不能忘怀，永远有着说不清的诱惑；会放电的女人，她的眼神明媚而醉人，一醉就醉倒了男人的最深处，最是那惊魂的一瞥，让人惜惜相怜，念念不忘；会放电的女人，她的眼神诱人而曼妙，似涓涓细流，丝丝地流淌，滋润着男人的心田。会放电的女人，魅力在于眼神，若是有一双动人的眼睛，传递着丝丝情怀，自然能俘获人心。

她没有闭月羞花之容貌，也没有柔媚的身躯，却总是呈现出一种迷人的气质。一言一行，一颦一笑，尤其是她的眼睛，每一个微小的变化，都似乎在传达着一种情意。她的眼神极富变化，无论是害羞，还是欢喜，还是娇嗔，还是生气，都有不同的韵味，她的脸部表情倒是远不如眼神来得传神。

当她初次遇见他的时候，只是微微地点了一下头，双眼顽皮地眨了一下，顿时秋波流转，面露娇羞之态，欲看还休，惹人怜爱。她第二次见到他是在细雨蒙蒙的那天，她撑着一把油伞，看着他背影已是感慨万千，心中满载着相见的幸福，又欲言又止，充满着无限的憧憬，流露出微妙的情感。等到他回过头来，她顿时羞涩地低下头，微微下垂的眼帘，掩盖不住心中的喜悦，眼角不时偷偷地向上瞟。她的眼睛会说话，把所有心中无法表达的言语都诠释了出来，美丽而妩媚。

这样动人的眼神，令人深深地沉醉其中，不知归路。一双迷人的眼睛，一双会说话的眼睛，一双会放电的眼睛，都被她完全地诠释出来。眼神的魅力，就在于“言有尽而意无穷”，即使是一张再会说话的嘴，也抵不过一双迷人的眼睛。

徐静蕾说：“梁朝伟的眼睛里藏着很多东西，很神秘，让你把持不住地想去揭开它。”王家卫说：“梁朝伟演戏不需要靠嘴巴，他的眼睛就能代表一切。”有女人曾说：“最杀人的表达方式，莫过于梁朝伟的眼神了。他的眼神里写满了许多难以诉诸的内涵，背负着空间感与历史感，让人觉得深远而沉重。”

《无间道》里，他思想里的迷惘、伤痛、爱慕、不可置信都在那一双眼睛里了；《英雄》里，适时的沉默，尽显沧桑，他的眼神早就炉火纯青，沉稳如酽茶一样，沉寂之中又饱含着深情。

试想，每个女人在面对梁朝伟这样迷人的眼神时，肯定也会魂不守舍吧！那是一种摄人心魄的致命吸引，只想深深地沉醉在眼神里，不愿醒来。而通常来说，因为女人天性的敏感与细腻，她们的眼神远比男人的眼神有魅力，也更会说话。所以，作为一个女人，你更要练就一双会放电的眼睛，释放出眼神的动人魅力。

眼睛是心灵的窗户，要想拥有一双会放电的眼睛，不仅仅需要良好的个人素质与修养，更需要良好的心理素质，丰富的人生阅历，才可能会有更加迷人的眼神表达。除了不断地加强自己的个人修养与气质，你还需要不断地练习眼神。当你在休息之余，可以拿个小镜子，然后将自己设定于某种情境之中，寻找出“喜、怒、哀、乐、怨恨、愁”等不同的眼神表现；你也可以用眼神在空中写字母，比如写个 K，再继续写个 Y，然后不断地变化眼神写出字母的位置，这样可以使你的眼神更加传神。除此之外，还需要平时呵护自己的眼睛。眼睛是需要用心去保护的，同样的道理，眼神也是需要用心去表达的。

说话柔风细雨的女人有韵味

每个女人都有自己独特的韵味之美，有的女人处世淡然，有的女人有娇羞之态，有的女人有深刻的内涵，有的女人有动人的眼神。而说话柔风细雨的女人，其实也是很有韵味的女人。在我们生活中，不乏见到说话如河东狮吼的女人，动不动就撕破喉咙大声责骂起来，这样的女人是难以被人接受的。她们在任何时候说话都显得大大咧咧，无所顾忌，甚至偶尔爆出一两句粗话，在她自己看来，这是无伤大雅的。其实则不然。一个女人的说话方式，是其修养、气质、个性的融合，所以，她的说话方式往往代表着内在的涵养。也有很多女人，说话总是轻言细语，如柔风细雨般拂过他人的心弦，荡起阵阵涟漪。韵味女人要懂得选择恰当的说话方式，得体地使用语言，在不同的环境和场合使用不同的语气和语调，在音色和音量上找寻最佳效果。

说话柔风细雨般的女人，有着宽广的胸襟，即使面对他人的恶意挑衅，她也能和和气气地把话说出口，以宽容化解对方的敌意；说话柔风细雨的女人，有着温柔的情怀，面对粗心的丈夫，调皮的女儿，她也从来不会大声说话，而是以柔情感化他们；说话柔风细雨的女人，她很善良，处处考虑到对方的心境，以善意的语言来温暖他人的心；说话柔风细雨的女人，她很淡然，坦然面对身边的人和事，不焦虑，不烦躁，以一颗平常心换取心中的宁静之美。做一个说话柔风细雨的韵味女人，释放出自己的语言态势之美。

王姐是小区里最受欢迎的人物，不是因为她有多漂亮，而是因为她说话很温柔。当她看见邻居家的小孩，她会上前亲切地拉着他的小手："小宝贝，你在玩什么？阿姨也来跟你一起玩好不好？"当她看见传达室的老爷爷，她一准儿会亲切地打声招呼："王大爷，还没有下班哪？"每天，儿子上学的时候，都会听见她亲切的叮嘱："在学校要乖，听老师的话，与同学之间好好相处。”

有一次，小区里几个调皮的孩子不小心把球踢进了王姐家的窗户，玻璃当即“哐当”一声碎了。正巧王姐正站在窗户边上整理东西，破碎的玻璃划伤了她的脸，虽然伤痕很浅，但仍免不了会留下疤痕。出了事之后，孩子的父母纷纷登门道歉，并且提出去医院好好检查。王姐微笑着说：“这点小伤算不了什么，我就是一个比较专业的护士，不用去医院了，孩子们都没事吧，不要斥责他们，这样会吓坏了他们。孩子嘛，调皮是天性，快乐的童年才是最珍贵的。”几句话说得孩子的父母心里暖暖的。

说话总是冷冰冰的女人是不受人们欢迎的，说话柔风细雨的女人总是用友善的口吻，脸上也总是保持着微笑，这样能有效消除人与人之间的隔膜，拉近彼此之间的距离。在与人交往中，说话柔风细雨的女人不俗不媚，宽容随和，通情达理，无论在哪里都会受到欢迎。即便是斥责，从她们嘴里说出来也是一种天籁之音，也更容易让人接受。

玛丽女士是一家公司的老总，她平时总是面带微笑，平易近人，许多员工还私下与她开开玩笑。

有一次，销售部门的员工因为失误而导致了一笔业务的流失，她是刚来公司不久的新员工，以为自己会被炒鱿鱼。所以，当玛丽女士通知她去办公室的时候，她显得忐忑不安，甚至连辞职信都准备好了。来到办公室，她显得很紧张，玛丽女士微笑着说：“请坐吧，不要紧张，我看起来没有那么可怕吧？”一句话缓解了新员工的紧张情绪，她还是心有不安地坐下了，玛丽女士亲切地打招呼：“你是小吴吧，老家是哪里的？家里还有些什么人哪……”玛丽女士并没有说业务流失的事情，而是轻松地与小吴聊起天来，结束的时候，她把一大摞资料交给小吴，让她回去好好看看，小吴翻开后发现，原来都是有关销售技巧的资料。

小吴临走的时候，玛丽女士还叮嘱：“如果你有哪些地方看不懂，欢迎随时来咨询。”

玛丽女士说话总是柔风细雨，使得她与员工们打成一片，成功地灌输了她的工作理念。而有的女人说话总是颐指气使，甚至指手画脚，这样的女人只会被人们敬而远之，不会受到人们的欣赏的。

说话柔风细雨的女人是清澈的水中之花，在她们身上散发着幽远的芬芳，她们说话永远温柔婉约。做一个说话柔风细雨的女人，要学会用轻柔的语气；保持思路清晰，说话有条有理，用语流畅；语速平缓适中；说话轻柔，不紧不慢。

※中篇※

风姿绰约，做品位出众的聪明女人

女人的美丽有很多种，有的是因为娇艳的容颜，有的是因为曼妙的曲线，有的是因为纯色的真实。但是女人身上有一种不容忽视的美丽，那就是品位。这是一种婉约而恒久的美丽，它看似抽象却无处不在，就像是春天里无法拒绝的甘甜气息，像夏天里难以抗拒的清凉诱惑。品位是女人个性的自然流露，如流淌在山涧的涓涓细流，丝丝流淌，滴滴悠远，弹奏出最动人的旋律；如拂过脸颊的春风，阵阵暖意，荡漾在心怀，拨动心弦。品位的本质是“真”，有品位的女人，能真实地展现自己，真实地表达出自己的感受，自己的思想，自己的喜好。她们从来不矫揉造作，不哗众取宠，即使在瞬息万变的现代生活中，她们也能够不断地充实自己，丰富自己，不断地提升自己的品位。

第六章

珍爱自己，生活细节显露格调

有品位的女人，喜欢把自己的生活打理得无可挑剔，处处彰显出独特诱人的品位。有品位的女人热爱生活，即使在最平淡的日子里，依然能调制出令人心醉的味道。品位是一种最真实的美丽，它既抽象却又具体可见，其实品位就隐藏在我们生活的每一个细节里。它也许只是你不经意放在书架上的一本书，也许只是西餐厅里等待有人青睐的红酒，也许只是那跳动着黑白色舞蹈的钢琴，也许只是那流水般的动人旋律，也许只是那飘舞在你胸前的精美小饰品。品位一直伴随着我们的生活，一直渗透在我们生活的各个角落，稍有不慎，你就会破坏了自己的品位。女人要学会珍爱自己，把你生活的每个细节都融入精致的格调，做一个有格调的女人，做一个有品位的女人。

从女性的异性缘看其品位

“窈窕淑女，君子好逑。”美丽又大方的女人总是会受到来自异性的欣赏、赞美，甚至倾慕，女人本身也会因为如此的异性缘而骄傲。事实上，在现实生活中却有不少女人总是孤家寡人一个，常常一个人游荡在繁华的都市。为什么有的女人身边总是不乏男士围绕，上下班也会有人温馨接送，寂寞时有人陪，孤单时有人依靠，永远都是集万千宠爱于一身？其实，从一个女人的异性缘也可以看出其品位。一个有品位的女人，必定会拥有绝好的异性缘。因为，有品位的女人往往会流露出让人无法拒绝的迷人气息，这让很多男性都难以抗拒，最终拜倒在她们的石榴裙下。所以，要想做一个异性缘绝佳的女性，首先就必须提高你的品位，让自己做一个有品位的女人。

女人最想成为什么样的女人呢？是漂亮的女人，还是性感的女人，是博学的女人，还是事业成功的女人？这些答案都不是，其实，女人最想成为的是“有异性缘的女人”。很多女人都在抱怨：“为什么我成不了抢手的女人呢？”“为什么我对男人一点吸引力也没有呢？”事实上，在我们身边的确有这样的女人，她们长得并不难看，脾气也不坏，各方面条件都不错，但就是对男人没有吸引力，命运里的桃花总是不开。当看着那些相貌平平且学历又不高的女人都成了幸福的小妇人时，她们心里日渐焦虑。其实，女人在这时候要善于发现自己存在的问题，并不断地充实，不断地丰富自己的心灵，逐渐提升自己的品位。当你成了一个品位女人后，就不必再愁没有异性缘了。

她个性比较随和，喜欢过清静的日子，不喜欢喧哗的生活。虽然她也羡慕那些事业有成的女人，体会到她们成名之后的喜悦也会为之赞叹，但她更喜欢自己的那份清静。

每天有规律地上班下班，在家里做做家务，然后再陪孩子学习。当这些烦琐的事情都完成之后，她还会利用剩下的时间上网、看书。她几乎包揽了家里所有的事情，尽可能地为老公提供努力工作的时间，当老公下班了，她会陪他散散步。老公总是深情地对她说，这就是品位女人的魅力。

她偶尔也会陪着老公一起参加聚会，穿着得体大方的服饰，淡淡的妆容，不俗的谈吐，常常让那些一起参加聚会的男士赞叹不已。她总是显得那样娴静，不像有的女人那样与男士喝一样多的酒，也不像她们那样热情洋溢，张狂不羁。她只是寥寥数语，却可以让人窥见其内在的涵养，静若幽兰，芳香四溢。

有品位的女人的幸福很简单，也许只是有爱她的丈夫和聪明的孩子，有一份自己喜欢的工作，她们就觉得很幸福了。有品位的女人，会懂得装扮自己，无论在什么时候都能够得体大方；有品位的女人，会时刻把家庭和孩子放在首位，不会把孩子一个人放在家里而自己去外面潇洒；有品位的女人，总是静静地在家里看书，而不会整日徘徊于饭店、酒吧这样的娱乐场所。

很多时候，女人会认为自己的漂亮、前卫、权势可以为自己赢得绝佳的异性缘，其实事实并不是这样。漂亮的女人不一定有品位，你扭着曼妙的腰肢，到处抛洒迷人的媚眼，就以为能赢得男人的青睐，这只是短暂的，当你那娇艳的脸蛋已经被岁月写满了风霜时，你还有什么魅力可言；前卫时尚的女人不一定有品位，那只是各种名贵的品牌堆砌而成的所谓潮流时尚，吊带兜肚小背心、露脐显臀、用钱堆起来的脸面终归是浅薄；权势的女人不一定有品位，只懂得利用手中的权势来发号施令、颐使气指、飞扬跋扈，根本无品位可言；有钱的女人不一定有品味，用金钱砸出来的美丽，只有铜臭味，更无须说品位。对很多女人来说，只有利用好自己的资本，才能打造出品位女人，稍有不慎，你就会成为异性绝缘体。

品位女人不仅仅是得体装扮，更需要有深刻内涵。她并不一定漂亮，但一定有潇洒的风度，有广博的知识、良好的修养、优雅的举止、不俗的谈吐、宽广的胸怀和一颗充满爱的心。她们把每一次成功都认为是运气，保持自己清醒的头脑；把每一次挫折都看作是一次尝试，保持冷静平和的心态；把每一次幸福都当成是上帝的恩赐，所以格外珍惜。她们是父母的骄傲，是丈夫的港湾，是朋友的知音。除了天生的丽质，她们更会在工作之余看书学习，不断地充实自己、升华自己。品位女人是一道最自然的风景，常常使男人过目不忘。

从女性的书架观其品位

有品位的女人拥有深刻的内涵，丰富的心灵，即使素面朝天也难掩她那浓浓的书卷气息。品位女人是需要不断地充实自己，升华自己的，而最好的心灵养分就是书籍带来的知识。所以，我们可以从一个女人的书架来观其品位。有品位的女人会在自己的书架上收藏那些对自己有益的书籍，可以帮助自己提升内在品位的书籍。女人，需要经常整理书架，把那些毫无用处的书籍扔进垃圾桶里，把那些有益处的书籍摆上书架。一个有品位的女人，她的书架是不允许有低俗小说、杂志出现在上面的，取而代之的是那些名著、心理学类、励志类、文学艺术类的书籍。品位女人，懂得整理自己的书架，让书架也沾染着自己的品位，成为最具魅力的摆设品。

著名作家毕淑敏曾说：“日子一天一天地走，书要一页一页地读。清风朗月水滴石穿，一年几年一辈子地读下去。书就像微波，从内到外震荡着我们的心，徐徐地加热，精神分子的结构就改变了、成熟了，书的效力就凸现出来了。”假如这个世界只有十分的美丽，但如果没有女人，就将失去了七分的色彩；假如女人有十分的美丽，但如果远离了书籍，也将失去七分的韵味。世界是因为女人的存在而美丽，而女人却是因为书籍的滋养而变得更加有品位、有格调。因此，女人不可不读书，更需要一个有着高品位的书架。当你走进一个女人的书房，看到书架上那一本本好书，那一本本精华的书，你不得不感叹“这个女人很有品位”。一个女人的品位并不在于外在的打扮，最重要的是来自内在的养分，毫无疑问，书籍就是最佳的营养品。

一般而言，女人的书架上应该摆放哪些方面的书籍，主要是依据书籍本身的特点来说的。每个女人都希望在书籍里获取一些有用的知识，而且能够对自己的生活、社交有所帮助。所以，女人的书架上应该摆放这样一些书籍：礼仪类的书籍，可以提升自己的修养与涵养；社交类书籍，可以教会你如何装扮自己，如何说话才受人欢迎；文学类书籍，逐渐培养自己的语言表达能力；历史类书籍，了解文化，增长知识；情感类书籍，透视情感问题，掌控属于自己的幸福；艺术类书籍，慢慢培养高雅的情趣，提升审美趣味。这众多的书籍都能够提升自己的品位，使自己成为一个有格调、有品位的女人。

《红楼梦》被誉为中国古今第一奇书，它代表了中国古典小说的最高峰，是一本不读就是人生极大遗憾的书。只有当你读过了《红楼梦》，才明白原来女人是可以这样哀婉动人的，或仪态万方，或楚楚可怜，或冰雪聪明。作为一个女人，你不可不读《红楼梦》，更不可不把它摆放到书架上去。因为这本书会熏陶你成为女人中的女人，欣赏史湘云的豪迈、娇憨，欣赏薛宝钗的聪慧、文雅，欣赏林黛玉的才气、闲情，即使是势利狠毒的王熙凤，她的八面玲珑、处变不惊也是值得我们欣赏的。

《简·爱》则是一部别具异国风情的小说，它会让你领略到以英国为代表的西方社会的社会风貌。感受简·爱一生的曲折故事，她的思索与抗争，她的爱情和屈辱，体味简·爱对爱情、友情以及独立、平等、自信等的理解和实践。这本书也是你书架上不可缺少的，读了这本书，你会明白两性之间是平等的，爱情也必须以平等的互相独立作为基础。每个女人都必须有独立的人格，只有自尊自爱，才不会卑微地依附于其他人，才可以赢得别人的尊重和热爱，才会获得真正的幸福。简·爱成了一代又一代的女性心中最平易近人的偶像，她不会难以靠近，她的影子飘散在我们的周围。

上面我们所介绍的《红楼梦》、《简·爱》这两本书,都是女人书架上不可或缺的书籍。除此之外,还有许多有益的书等着你将它们摆放在书架上:西蒙娜·德·波伏娃的《第二性》被誉为"有史以来讨论妇女的最健全、最理智、最充满智慧的一本书";卡耐基夫人的成名之作《写给女人》;《谁是最美的女人——标准东方女性手册》将告诉你怎样做一个标准女孩;《圣经》,一部包罗万象的古代文化百科全书,帮助你详尽地了解西方文化;《世界美术名作二十讲》,只有在艺术的熏陶之下,你才会蜕变成最具品位的女人;《金锁记》,中国自古以来最伟大的中篇小说,享誉文坛的女作家张爱玲的顶峰之作;《女性个人款式风格诊断》,帮助你提升个人品位。另外,还有《婚姻宝典》、《飘》、《女人的身体,女人的智能》、《围城》、《美学散步》等。

从日常饮食探其品位

每个女人都有自己喜欢的食物,有的人只是喜欢简单的西红柿炒蛋,而有的人却喜欢烹调美味的麻辣鱼。与各种不同食物的特色一样,从一个女人与食物之间的关系以及所喜好的食物,我们可以观察出她的品位。有品位的女人,不喜欢整日流连于酒吧夜店之间;有品位的女人,不喜欢做食物的傀儡;有品位的女人,更懂得亲自烹调出精致的美食。如果你还整日为薯片、可乐、快餐食品而狂热,那么你似乎已经 out 了。品位女性已经开始懂得养生之道,知晓一些中餐、西餐礼仪。做一个有品位的女人,就从你所喜欢的食物开始吧。

现代化生活的快节奏,已经使许多女性朋友开始淡忘了自己所喜欢的食物。为了节约时间,她们总是匆匆忙忙奔向快餐店;为了工作上的应酬,经常出入高级的酒楼,与男人喝一样多的酒,麻木味觉。平日里工作繁忙,早餐可有可无,午餐靠外卖,晚餐靠混,女人几乎已经忘记了家里还有一个厨房。品位女人,即便是在工作繁忙之余,也不会亏待自己的味觉,她们会去一家口味不错的餐馆，细细品味食物；或是自己亲自下厨，做出美味的菜肴。其实，在很多时候，我们并不只是在品味食物，而是在品味生活。生活是需要细细品味的，而食物也是，尤其是我们所喜好的食物。美味的食物就如同厨房里碰撞出来的交响乐，每一次碰撞都会跳跃出浓浓爱意的音符，伴随着食物散发出来的香味与幸福，温馨地散发到生活的每一个角落。

很多女人在情绪不太好的时候，就会疯狂地吃东西，也许不止一次地将手自动伸向饼干筒，焦虑时吞下无数个冰淇淋，生气时吃下整个比萨却不知其味，她们只是为了填补心中的空虚，而不是为了品尝食物。有品位的女人，懂得控制好自己的情绪，不会因为情绪而狂吃东西；有品位的女人，在任何时候都懂得细细品味食物，而不是如此“粗鲁”地对待食物。因此，做一个有品位的女人，做一个精致的女人，千万不要做食物的傀儡，而是做食物的朋友。

作为一个有品位的女人，你所喜好的食物应该是为了养生，是为了身体健康，而不是纯粹为了满足口欲。所以，在日常的生活饮食中，需要远离那些薯片、可乐、油炸食品、膨化食品等一系列的垃圾食品；尽可能地多摄取一些营养的食物，比如西兰花、胡萝卜、牛奶、大豆、猕猴桃、西红柿、蜂蜜、肉皮、三文鱼、海带等，这些食物会改善你的皮肤，补充身体所需要的养分，使你成为一个健康美丽的女人。

从女人的爱好察其品位

每个女人都有不同的兴趣爱好，有的女人喜欢琴棋书画，有的女人却喜欢抽烟喝酒打麻将；有的女人喜欢唱歌跳舞，有的女人却喜欢骂人说脏话；有的女人喜欢练瑜伽，有的女人却喜欢文身打耳洞。虽说每个女人都有自己的喜欢偏好，但不一样的爱好可以看出其品位的高低来。像那些喜欢抽烟喝酒打麻将、喜欢骂人说脏话、喜欢文身打耳洞的女人，她们的爱好就显得低级,毫无品位而言,这样的爱好只会让她们越来越丑陋。而那些爱好琴棋书画唱歌跳舞的女人,则会因为高雅的情趣而培养出与众不同的气质,逐渐提升自己的品位与格调。因此,做一个有品位的女人,需要善于培养自己高雅的兴趣爱好,这样才能陶冶情操,提升格调。

一个拥有高雅情趣的女人,她会逐渐拥有一种品位;而那些拥有低级趣味的女人,她们的兴趣永远只会是一种兴趣。如何把自己的爱好提升为一种品位,是每一个魅力女人都需要解决的问题。当一个女人总是在深夜游离于酒吧与夜店之间,当一个女人打扮精致却满口秽语,当一个女人通宵地打麻将,当一个女人肆意地吐着烟圈,这样的女人无法被认同为有品位的女人,也永远不可能把这些爱好提升为自己的品位。她们已经与品位渐行渐远,成为了淹没在人群中的庸脂俗粉。所以,要想做一个有品位的女人,你就应该培养一些高雅的兴趣爱好,远离那些低俗的生活,逐渐形成自己的迷人格调。

曾经有人问李敖:“究竟女人可爱的地方在哪里?”李敖答道:“女人可爱的地方不在真、不在善,而在美。真正够水准的女人,她聪明、柔美、清秀、妩媚、努力、有深度、善解人意、体贴自己心爱的人。她的可爱毫不属于新女性的那种嚣张,但她的好条件,也不比她们少,只是有些条件是隐形的、蜜蜜柔柔的、淡出淡入的,像空谷幽兰,不容易被发现而已。”由此可见,女人的品位就是一种真实的美丽,时刻散发着迷人的气息。

她的舞蹈世界是一条没有尽头的路,几乎穷其一生去探索不断跳跃的秘密。虽然已经年过五旬,而杨丽萍的一举一动,一颦一笑却还停留在少女时代。她微笑地说:“去看过医生,说我的指标在 38 岁,大概是因为跳舞,荷尔蒙、骨骼等指数都还不错。”

她善于用肢体说话,所以人们将这位从深山里走出来的神秘舞蹈家称为“巫女”。她宛如传递天地自然生息的神秘使者,流露着丝丝入扣的生命旋律,令人惊叹。初看,你会赞叹她的指尖细腕的微妙语言;再看,你会领悟到她舞蹈神韵中的一分灵气;最后,你便体味到那份沉淀出来的一股隽永的心灵之美。在舞台上,她有一种深不可测的魔力,即便是一个小小的举动,一个休止符,都如同微风从一泓水上掠过。于是,她看似寂静的身体里,便有了细浪追逐的声音。对美好的事物，她永远有着孩子般的感悟力和追求心。

她让人动情于自己的感动，自己的发现，她的世界无须用人的语言便能读懂。这就是品位的魔力，甚至当她身体跳不动了可心还在舞。她不仅让自己的爱好上升为品位，更提高到艺术的台阶上。在她看来，舞蹈不仅仅是兴趣爱好，而成了生命中永恒的美丽。

有品位的女人爱好音乐，当周末无聊的时候，放着班得瑞的轻音乐，惬意地躺在沙发上，任凭动人的旋律静静地流淌；有品位的女人喜欢读书，泡上一杯绿茶，细细品读世间的万千故事；有品位的女人喜欢画画，手握画笔，时而娴静，时而狂热，一举一动流露出艺术家的气息；有品位的女人喜欢运动，独自爬山，练练瑜伽，创造出健康的美丽。有品位的女人，远离那些都市的喧嚣与噪声，不管世事的悲欢离合，不屑标新立异的生活方式，只是安静地做自己喜欢做的事情。

一个女人的兴趣爱好，在很大程度上直接体现其品位。因此，为了使自己成为一个高品位的女人，你不妨从现在开始就有意识地培养一些高雅的兴趣爱好，比如琴棋书画、唱歌跳舞、练瑜伽、做运动。这些高雅的兴趣爱好，并不在多而在于精，哪怕是你能专注于一种爱好，也可以提升自己与众不同的品位。任岁月无情，也让自己优雅地变老。

从音乐的风格悟其品位

不同的女人喜欢不一样的音乐，有的女人喜欢极具震撼力的摇滚，有的女人喜欢宁静典雅的古典音乐，有的女人喜欢华丽炫耀的巴洛克音乐，有的女人喜欢流畅动听的乡村音乐，有的女人喜欢轻快欢畅的爵士音乐，还有的女人喜欢朋克音乐。一个女人所喜欢的音乐风格，也可以透露出其品位。当然，音乐本身并没有高雅低俗之分，它需要符合一定的心情，如果音乐的旋律在某个时刻拨动了人的心弦，那它一定是最动听的音乐，音乐本身就是一种心情。女人所欣赏的音乐风格不同，她们的品位也不同。在更多的时候，女人应该选择适合自己个性的音乐，彰显独特的品位。因为，音乐只有融合了情感，才会变得生动，才有了生命，才能给你心灵深处带来深深的震撼。对于很多爱好音乐的女性来说，不能盲目地跟着潮流走，而要尽可能地欣赏那些能触动灵魂的乐曲，这样才能体现出自己的品位。

有的女人喜欢欣赏那些遍布大街小巷的流行音乐，她们认为流行的才是经典的，才是最具个性的。其实，流行的音乐只是暂时的，它占据着一方市场主要依靠的是明快的旋律以及口语化的歌词。当你在欣赏音乐的时候，并不仅仅喜欢旋律，也不会仅仅喜欢歌词，必须是两者相结合的。有时候，你会发现音乐的旋律很动听，但是略显俗气的歌词却破坏了这一份美好，也破坏了你听音乐的心情。每个人都尽可能地追求更为完美的音乐，不仅旋律动听，歌词动人，还需要迷人的音色。只有完美地综合，才能演奏出最绚丽的视听盛宴。

轻音乐是介于古典音乐和流行音乐之间的一种通俗音乐形式。轻音乐以通俗方式诠释乐曲，其来源可以是原创，也可以是对古典音乐、流行音乐或者民谣进行改编而成。轻音乐一般以小型乐队加以演奏，结构简单、节奏明快、旋律优美。轻音乐可以营造温馨浪漫的情调，带有休闲性质，因此又得名“情调音乐”。它起源于“一战”后的英国，在 20 世纪中期达到了鼎盛，在 20 世纪末期逐渐被新纪元音乐所取代，但影响直至今天。

班得瑞是轻音乐中的经典乐队之一，曾有人说班得瑞是“来自瑞士一尘不染的音符”。“班得瑞”来自瑞士，它是由一群年轻作曲家、演奏家及音源采样工程师所组成的一个乐团，在 1990 年红遍欧洲。“班得瑞”不喜欢在媒体面前曝光，他们喜欢深居在阿尔卑斯山林中，清新的自然山野给班得瑞乐团带来了源源不绝的创作灵感，也使他们的音乐拥有最自然脱俗的音乐风格。

相信许多有品位的女性都喜欢班得瑞的轻音乐，当你轻轻地闭上眼睛，再放上班得瑞那一尘不染的天籁之音，你就会发现那些不沾尘埃的音符，静静地流淌着，它带走了一直压在心中的忧虑，让你的心灵在水晶般的音符里沉浸、漂净。清新迷人的大自然风格，返璞归真的天籁，如香汤沐浴，疏解胸中沉积不散的苦闷，扫除心中许久以来的阴霾，让你忘记忧伤，身心自由自在。

每个女人都有钟爱的音乐，有了音乐的陪伴，就算一个人待在黑暗中也会感到很安全，感觉到心灵的充实。作为一个有品位的女人，更应该欣赏那些触动灵魂的歌唱，从而提升自己，升华自己。好的音乐是可以使人忘记悲痛，沉醉其中的；好的音乐，并不是无聊时的调剂品，而是来自心灵的歌唱；好的音乐，并不是短暂的时尚，而是百听不厌的经典。而那些昙花一现的流行音乐则是不适合的，它们只会成为流行而不会成为经典。虽然每个人都有不同的审美情趣，但那些被人们视为经典的音乐风格，在经过岁月的洗涤与沉淀之后历久不衰，则是需要一辈子去珍藏的。

从点菜的方式察其品位

每个女人都有点菜的经历，但是所采用的点菜方式却是大相径庭的，有的女人不管别人，只点自己想吃的菜，有的女人和别人点同样的菜，有的女人直接说出自己想吃的东西，有的女人点菜犹犹豫豫，动作很慢，有的女人先请店员说明菜的情况之后再点菜。所以，看似简单的点菜也被演绎得如此复杂。其实，千万不要小看点菜这一小细节，从中也能观察出女人的品位，你是否掌握了正确的点菜方式、点菜技巧以及宴请他人的点菜谨记，都可以在你点菜的过程里展露无遗。做一个品位女人，就必须深谙点菜之道。

有的女人进了餐馆落座之后，就会马上催促服务员拿菜单来，自己不顾别人，就开始拿笔勾画起来，这其实是失礼的表现；还有的女人在众人的推辞下，毅然接下了点菜的重任，可是却点了不合大家口味的菜；有的女人点菜动作很慢，服务员已经等了大半天了，她还没有确定到底要吃什么菜。如果你在点菜过程中也出现了这样的情况，这都是有失你的品位的。事实上，点菜也是一门学问，许多女人就因为不会点菜，而使自己陷入一个窘迫的境地。

肖燕是公司新任的秘书，才到公司不久，经理就策划举办一个宴请活动，邀请了许多公司的客户，大多是广东人士，还有一些公司管理层人士。经理当即就把这个任务交给肖燕，并让她到预订的酒店先把菜点好。

肖燕来到了预订的酒店，看着菜单上品种众多的菜品，她一时也不知道点哪些才好，犹豫了片刻，还是拿不定主意。后来，她只好在服务员的推荐下点了些招牌菜，以及一些配菜。可没有想到，当天晚上因为菜品不合客户口味，特别是广东人不嗜好辣味，菜品中却很多都含有辣椒，这使得整个宴请过程中连连出现尴尬的场景。

第二天，总经理就把肖燕调离了原岗位。

由于肖燕不懂得点菜之道，给自己的工作也带来了一些困扰。做一个有品位的女性，就要知晓一些点菜礼仪，无论是作为宾客还是宴请的主人，她都会尽可能地做到面面俱到，照顾到赴宴的每一个人，显示出自己的优雅姿态。

正确的点菜方式是：请客人先选菜，如果客人谦让点菜权，你也不必过于勉强；点菜过程要快，不能慢吞吞地，一些口味菜应该询问一下是否符合客人的胃口；点菜需要预先估算，一般主菜比客人多一个到两个，配一个冷盘和一道汤即可，不宜点过多油腻的菜；点菜要上档次，这时候不应该吝啬，点一两个有特色的，其余的选择那些比较上档次的菜，但并不需要每一道菜都很贵；不要同时点几道同类型的菜，比如麻辣鱼、水煮鱼，还需要注意客人是否忌口，是否能吃辣，是否回民，是否海鲜过敏；点完菜之后询问客人需要什么酒水，如果不想喝酒，可以考虑来点饮料或者茶；点红酒需要注意，谨记

"红酒配红肉,白酒配白肉"的原则,如果是海鲜,尽量喝干白,如果是油腻的食物,则最好选择干红。另外,千万不要爱吃什么就只点什么,还需要考虑菜肴搭配,不要只注重点菜单上推荐的特色菜,菜品的价格要心中有数,点什么菜不要全听服务员的。

第七章

装饰自己，衣装打扮展现风格

女人不仅需要娇艳的容颜，优雅的气质，更需要懂得装饰自己，展现自己的穿衣风格，使自己变身成为品位女人。女为悦己者容，女人的穿衣打扮不光是为了自己，更是因为希望在自己心仪的男士面前有所表现。因此，作为女人，你应该知晓一些穿衣的学问，懂得如何打扮自己，使自己能够成为人群中最耀眼的那一个。学会搭配服饰，搭出自己的风格；学会搭配服饰的色彩，穿出自己的色彩；学会理性的购物方式，选择适合自己的才是最好的。除此之外，女人还需要懂得在什么场合穿戴什么样的服饰，比如在办公室，需要优雅干练的职业装；在健身房运动时，需要舒适的运动装；参加晚会，需要光彩照人的宴会装；外出旅游，则需要活泼休闲的出游装。当你知晓了这样一些穿衣的知识会，在实际的生活中加以运用，就可以使自己成为别具风格的品位女人。

女人不缺少衣服，关键要搭出自己的风格

每个女人都有一个大大的衣橱，里面装满了各种色彩斑斓的靓丽服饰，闪耀着一个女人的美丽。对于每一个女人来说，永远不会嫌自己的衣服太多，反倒总是担心自己的衣服不够穿。她们总是面对着满满的衣橱发呆，穿来穿去总是那么几套，以至于办公室的同事都能够猜到她们明天将要穿什么样的衣服了。对于一个有品位的女人来说，这实在是一种失败。实际上，女人总认为自己的衣服不够穿，主要原因在于自己不懂得如何搭配衣服，所以，即便是拥有满满衣橱的衣服，她也会觉得自己可以穿出去的衣服太少了。要想做一个有品位的女人，就必须懂得如何搭配服饰，并搭出自己的风格。不少女人在尽力追寻着满大街的潮流时尚，其实，她们并不明白真正的时尚是什么，时尚实际上就是穿出自己的个性，穿出自己的风格。一般来说，适当的流行元素，再融合自己的个性风格，那就是最经典的组合。

假如你拥有满满衣橱的服饰，却还在为明天穿什么而担忧，那只能证明你不会搭配衣服。有的女人会搭配衣服，但只是简单的搭配，也为是一种固定的搭配。比如，她会把某件上衣与某条牛仔裤相搭配，第一次这样穿着出门，第二次依然这样搭配。这样固定的搭配，只会让自己觉得衣服越来越少，而且当你面对镜子里的自己时，也会产生审美疲劳，更别说其他人是什么样的感受了。其实，服饰也是需要多层次搭配的，你可以用那件上衣与牛仔裤搭配，还可以与短裙搭配，也许还可以与短裤相搭配。当你学会了这样的服饰搭配，你就会发现自己衣橱里会突然多了许多漂亮的衣服，即便是你只有两套衣服，依然可以穿出四种风格来。当然，你在进行服饰搭配的时候，还需要考虑到颜色、款式的相配。另外，你还需要准备一些精美的小饰品，它能为你的整体形象锦上添花，也会适当为你的装饰带来不一样的

风情。

每个女人都曾经有过在衣海里迷茫、徘徊的经历，她们总是在出门之前对着镜子自嘲“永远缺一件衣服”。事实上，你所缺少不是衣服，而是发现美的眼睛以及灵活的服饰搭配技巧。下面我们就从三个方面来简单说说服饰搭配，希望能让你从中学到一些穿衣的学问，进而穿出自己的风格。

1.衣橱必备服饰清单

如果你的衣橱已经满是流行服饰，而你却还在为服饰搭配而发愁，那么你不妨检查一下你的衣橱里是否有一些必备的服饰单品。若是没有，那么赶快将它们带回家，为你的衣橱添上一抹永不褪色的靓丽，也使自己的服饰搭配更有魅力。

（1）黑色短西服上衣。剪裁讲究，款式也经典的黑色短西服上衣，会让人看上去很有气质，而且适合各种身材。最关键的是它能够很好地突出自己的腰线，塑造出曼妙的身材。另外，它可以搭配任何衣服，如牛仔裤、小礼服、长裤、裙子等。

（2）喇叭裤。喇叭裤作为经典不衰的款式，绝对是你衣橱里必不可少的服饰单品。它适合大多数女性的身材，而且上身效果非常好。如果你能搭配厚底鞋或者坡跟鞋，那么会让你看起来更加随意，舒适，还能增加高度。

（3）经典款风衣。在严寒的冬天，经典款风衣绝对是街头不能缺少的美丽风景线。你可以把它当成具有投资价值的单品。即使你在冬天不小心长胖了，身材有些走样，它那宽松的款式依然适合你，伴随着你度过寒冷的冬天。你可以选择A字形腰间系腰带的经典款风衣，它十分百搭，无论是套装还是牛仔裤，都可搭配穿着。

（4）黑色小礼服。每个女人都应该拥有一件黑色小礼服，但是最重要是选择一件别致的，适合自己的。你可以在挑选的时候注意一下小礼服的细节，比如别致的单肩款或是漂亮的腰带，这些微小的细节都会让你的小礼服成为独一无二的服饰。

（5）条形图案上衣。条形图案的上衣是一款永恒的经典，无论搭配亮色、还是印花，或在小西服下面若隐若现，都会让人看起来很棒。

(6)白衬衫。白衬衫是白领的最爱,也是衣橱必备的单品,但白衬衫也有它休闲的一面,穿上牛仔裤,再提上大包包,就可以让你马上从白领丽人变成阳光女孩。

2.配饰单品

在你的衣橱里,除了必备的服饰单品,还需要一些搭配服饰的小饰品。千万不要小看了它们,哪怕是一枚不经意的别针,也可以增添你别样的风情。你可以在衣橱里预备一些各色各样的围巾,比如豹纹印花围巾,即使你穿着很普通的白衬衫和牛仔裤,它也可为你增添一抹亮色;张扬的大项链,衣橱里那些普通衣服需要和饰品搭配,而夸张的项链可以让你简单的服饰增添女性的柔美;黑色紧身袜,准备一双紧身袜可以让你看起来更苗条,也可以解决裙子太短的问题;手表,在手上搭配一块金表可以提升你整体的服装效果,另外,宽松的表带会让你的手表看起来更像是手镯。

3.鞋子,服饰的主要配角

鞋子是你整体服饰的主要配角,也是动态中最活跃的部分。鞋子的光泽、颜色、硬度、风格都在一定程度上决定着你服饰的整体效果。你在选择鞋子的时候,它的形状一定要让女人的脚看上去很秀美,腿也变得修长,另外,鞋子的形状还需要与身体相协调;鞋子的颜色,最好是选择服饰颜色中最深的颜色之一;鞋子上的装饰,需要越简单越好,复杂的装饰反而显得俗气;鞋子的风格也需要与服饰的风格相一致。

一般来说,品位女人的衣橱里需要必备这些鞋子,才能以最漂亮的姿态应付各种场面:一双经典黑色的高跟靴子,让你在冬天美丽动人;一双黑色平底的舒适马靴;一双黑色短靴,可以搭配裤子,但不宜配裙子;一双黑色的精致细高跟鞋,可以搭配晚礼服;一双上班用的半高跟鞋;一双细高跟凉鞋,夏天的时候用;一双胶皮底的牛津鞋,可以让你优雅地走在繁华都市里;一双胶皮底的罗马凉拖鞋,夏天外出旅游的时候用得着。

当你在选择鞋子的时候,尽可能挑选一些能够保持经典而避免流行、特别是那些极端的款式,比如大方头、火箭鞋、松糕鞋等,这样你所挑选的经典款式以及绝佳的质量可以让你穿上好几年。

穿出自己的色彩，成为街上最艳丽的风景

我们走在大街上，看到有的女人全身名牌，却总给人一种不着调的感觉，这主要在于她没有很好地搭配服饰的颜色。深谙服饰搭配之道的女性知道服饰的搭配除了款式的搭配，还有色彩的搭配。其实，服饰的色彩搭配是非常重要的，就如同你脸上的妆容，稍有哪里颜色不对就会影响你的整个形象。一般而言，服饰的风格和特征往往是通过色彩的视觉造成的，合理而又和谐的色彩常常能带来神奇的视觉效果，令人耳目一新。所以，女人要知晓一些服饰颜色搭配的技巧，才能够使自己成为街上最艳丽的那抹风景。

服饰颜色一般分为三类，即暖色，包括红、黄、橙及相近的色彩；冷色，包括青、蓝色，给人以寒冷的感觉；中间色，包括绿、紫色。服饰的色彩搭配首先是依据季节来的，冬天选暖色，夏天选冷色，这样才会显得大方端庄。服饰颜色的选择还需要技巧，你可以以一重色彩做主色调，再配上深浅不同的接近颜色；还可以在一种主色调的基础上，加上少许对比色调，也能给人淡雅大方的感觉。最为关键的一点就是，在服饰颜色的搭配上，需要舍弃个人主观的喜好，以客观的标准来决定颜色的搭配，这样才能穿出绚丽的色彩。

1.色彩搭配技巧

有的女人总认为色彩堆砌越多，越丰富多彩。其实，“色不在多，和谐则美”，正确的服饰色彩搭配是选择一两个系列的颜色，以此为主色调，再以其他少许颜色为辅，作为对比，衬托或用来点缀装饰。下面我们就简单地介绍一点服饰的色彩搭配。

(1)强烈色彩配合。强烈的色彩搭配就是指两个相隔较远的颜色相配，比如黄色与紫色，红色与青绿色。所有的颜色中，黑、白、灰是无色系，它可

以自由与其他各种颜色相搭配。同一个颜色的服饰，与白色搭配会显得明亮，而与黑色搭配则显得昏暗。因此，你在进行服饰搭配的时候，需要事先比较一下两种颜色，不要堆砌色彩。其中，黑色与黄色是最抢眼的搭配；红色与黑色的搭配，也很有独特的韵味。

(2)补色配合。补色配合就是指两个相对的颜色相配合，比如红与绿，青与橙，黑与白，补色相配可以形成鲜明的对比，而黑白色搭配则是永远的经典色搭配。补色相配又分为两种，即同类色彩搭配，就是深浅、明暗不同的两种同一类颜色相配，比如青配天蓝，墨绿配浅绿，咖啡配米色，深红配浅红等，这样可以显得柔和文雅；还有就是近似色相配，两种比较接近的颜色相配，比如红色与橙红或紫红相配，黄色与草绿色或橙黄色相配等。

2.颜色搭配原则

(1)白色的搭配原则。白色是无色系，可以与任何颜色相搭配，但是你要想搭配得比较出彩，也是需要技巧的。在强烈的色彩对比下，白色的分量越重，看起来就越柔和。白色下装可以搭配条纹的淡黄色上衣，这是柔和色的最佳组合；象牙白色长裤可以搭配淡黄色西服，再陪以纯白色衬衣，也可以表现自己的个性；象牙白色长裤搭配淡色休闲衫也是不错的组合；白色百褶裙搭配淡粉色毛衣，穿出女性的温柔；白色休闲衫搭配红色窄裙，搭配比较大胆，显得热情潇洒。

(2)黑色的搭配原则。黑色跟白色一样，也是一个百搭百配的色彩，无论与什么色彩搭在一起，都不会出现太大的问题。这里主要简单地说说黑色与米色的搭配。夏天的时候，黑色印花 T 恤搭配米色的纯棉含莱卡的及膝 A 字裙，脚上穿着白地彩色条纹的平底休闲鞋子，整个人看起来格外舒适，还充满着阳光的气息。如果你不喜欢穿裙子，换上一条米色纯棉休闲裤，也是不错的选择。

(3)米色的搭配原则。含蓄而优雅，明朗却不耀眼，在或柔媚或热烈的色彩中，米色是时尚女人们常用的色彩。它与白色相比，多了几分暖意与典雅；与黑色相比，多了纯洁与柔和，少了几分凝重。米色成为了办公室职业装的首选颜色之一，一件浅米色的高领短袖毛衫，配上一条黑色的精致西裤，一双闪着光泽的黑色尖头中跟鞋子，穿出职业女性严谨干练的风格。也可以选择一套黑色条纹的精致西装套裙，配上一款米色的高档手袋，既有职场中人的干练之美，又有女性的优雅之美。

合理采购不盲目，不要让衣柜成为“陈列柜”

每到换季的时候，女人打开衣橱，里面是琳琅满目、色彩斑斓的各种各样的衣服。可是挑来挑去居然挑不到一件称心的衣服，不是款式过时了就是颜色不喜欢了，再不就是料子不舒服了，于是，就开始琢磨着上街买衣服了。相信每一个女人都有这样的经历，看着满衣橱的服饰，都是自己亲自挑选的，可就是没有自己想要穿的那件。所以，我们总是听到女人这样抱怨：“衣橱里永远缺少一件衣服，就是那件出门要穿的衣服。”其实，不仅如此，女人的衣橱里似乎永远多余一件衣服，那就是买来之后一直被束之高阁、从来没有穿出门的衣服。造成这样的情景就是由于女人在购买服饰的时候，没有进行理性的思考，通常是盲目、冲动之下买回来的。女人们经常会为自己买回漂亮的衣服而沾沾自喜，却完全忘记了有一些衣服自从买回家之后就再也没有穿出去过。只是每次打开衣橱的时候才想起来，或许还会兴冲冲地拿出来穿上，在镜子前自我欣赏一番，然后再悻悻地放回去，让它们继续挂在衣橱里当“陈列品”。

阿美是化妆品店的老板娘，平日里喜欢追寻潮流时尚，经常会约着好朋友一起逛街购物。每次都是满载而归，可是回到家里，却总是听见她一个人面对着衣橱自言自语：“这条裤子的镂空绣花可是纯手工做的，可是我腿有点粗穿不下，当初是想我减肥之后再穿的；这件晚礼服太美丽了，线条设计很性感，但好像并不是我的风格；这个包包是商场打折的时候买的，可是买回之后，发现并不适合我，所以一次也没有背过……”

似乎每个女人在购买服饰的时候，都有着这样那样的目的，但并没有达到最终的目的，那就是“适合自己的才是最好的”。有的女人是完美主义者，她们看见精美的服饰就走不动了，即使自己穿不了也要拿回家做收藏；有的女人则是情绪主义者，心情不好的时候会花钱买衣服，心情好的时候更会买个不停，总之她们买衣服的目的就是为了抚慰心情；有的女人喜欢宠爱自己，当工作越来越忙，压力越来越大的时候，女人就会想到要对自己宠爱一点，也并不是什么过分的事情；有的女人还基于一种满足心理，她们逛街绝不空手而返，否则会让她们感觉很失落，所以为了满足心里的欲望，总是买一些自己根本穿不着的衣服。所以，女人在为衣服而狂热的时候，也应该进行理性的思考，不再见一件买一件，而是依据自己的搭配需要却购买，这样才不会让自己的衣橱里总是挂满“陈列品”。

1.适合自己的才是最好的

女人挑选衣服就像挑选老公一样，适合自己的才是最好的。当你来到装潢精美的服装店里，那些华丽的橱窗和优雅的店堂都是精心设计的，目的就是为了呈现给你无限的美感，激起你的购买欲望。其实，那些穿在模特身上或者陈列在货架上的漂亮衣服并不一定适合你，千万不要在迷人的灯光中和导购小姐的游说下迷失了自己。为了避免被一时的购物气氛迷惑，你需要清楚地审视自己的身材、肤色、气质，才不会买回一些自己不能穿的衣服。每个女人的形象都不是绝对完美的，你需要了解了自己的优点和缺点，才会淘到适合自己的服饰。

2.理智对待名牌打折

每到节日或者换季，铺天盖地的都是打折信息，其中还有很多知名的名牌。对很多女人来说，这绝对是致命的诱惑力。这时候，你千万不要疯狂抢购，一些内行人会知道，这些打折商品一般都是至少三年以上的存货，服饰的面料、款式、颜色都与时尚潮流有了距离，另外尺码也不是齐全的。所以，面对那些打折服饰，女人一定要保持理智，不要因为价格的诱惑而降低你对衣服的要求。

3.试穿了才是真感觉

有的女人在购买衣服的时候，看到一件令人心动的衣服便在没有试穿的情况下，就迫不及待地买下来，唯恐被别人给抢了去。其实，这样疯狂的购买方式只会让自己吃亏。由于没有试穿，也许面料、款式、颜色都没有太大的问题，但有些地方就会出现尺码过大或过小的问题，结果你只是买了一件不适合自己的衣服。所以，为了避免买那种不合身、不舒适的衣服，你在结账之前一定要亲自试穿。

驰骋职场，优雅干练职场装

在现代社会，越来越多的女人摒弃了在家里相夫教子的全职太太这一工作，而是开始进入社会，驰骋职场，开辟出自己的一片天地。然而，职场不同于社会，更不同于家里，你的穿衣打扮必须受一定的限制。所以，当你优雅地坐在办公室里时，需要的是专业干练的职场装。职业装是公司或企业从内到外形成的一种凝聚力和形象力，目的是为了塑造出职场丽人质朴、稳重、干练和充满自信的形象。对于每一个职场女性来说，得体的职业着装是工作中不可忽视的重要环节。因此，要想做一个优雅的职场丽人，就必须懂得挑选得体的职业装，知晓一些职业着装的知识。

1.不同的职业不同的职业装

职业装作为公司或企业的形象代表，它具备一定的专业性。所以，职业装也分很多类型，假如你想做一个优雅干练的职场丽人，不妨先学学如何依据职业来选择职业装类型。

（1）清纯秀丽的职业装。职场的成熟女人懂得理智而精确地把握时尚，既不过分张扬也不过分保守，尽显女性的清纯秀丽的本色。虽然办公室并不需要女性的本色演绎，但女人天性的聪慧以及对美丽的极度敏感，使得她们为严肃的职业装增添了一抹亮色。当你穿着一双精致的凉鞋，提着一个手工做的绣花手包时，就会为你严肃的职业装带来甜蜜的感觉。这一类型的职业装适合网络、计算机、公关、记者、娱乐行业的办公室女性。

(2)端庄文雅的职业装。职业装由于工作的限制,必须是在注重配合流行的同时又不损专业形象,原则就是“在流行中略带保守”。比如,那些太薄或者太轻的面料,就会给人不庄重的感觉。所以,尽可能地选择款式简单,颜色素雅的职业装束,给人以端庄文雅之感。这一类型的职业装适合科研、银行、商业、贸易、医药等行业的职业女性。

(3)成熟含蓄的职业装。成熟含蓄的职业装,大多以黑色、白色、褐色、海蓝色、灰色等为基本色调,以优雅利落的套装为主,也有常见的连衣裙,或者西服和西裤的搭配,显得成熟稳重。这样的职业装的弊病就是色彩过于单调,你可以扎条领巾,或者在职业装里面套件亮色质轻的上衣。这一类型的职业装适合保险、证券、律师、公司主管、公务员等职业女性。

(4)庄重大方的职业装。庄重大方的职业装大多以简单的衬衫搭配套衫,你可以选择白色、淡粉色、格子线条等富有变化的衬衫,主要色彩为灰色、深蓝、黑色、米色等比较沉稳的颜色,尽量给人一种干练、极富亲和力的印象。这一类型的职业装适合教育、文化、咨询、信息等工作的职业女性。

2.职业装搭配禁忌

爱美是女人的天性,职场女性追求流行与时尚的服饰都是极其正常的,但是千万不要把太过鲜艳或暴露的服饰穿到办公室去,这样不但不会被同事们所关注,反而会让他人觉得你比较轻浮。那些大方简约的职业装能够给人端庄文雅的感觉,同时也能提升你在同事心中的整体印象分。

职场女性在搭配服饰的时候,需要避开这些雷区:过分性感,在办公室不宜穿暴露或性感的服装,比如超短裙和吊带装;过分随意,在办公室不宜穿特别随意的服饰,比如长裙;太紧或太短,在办公室里,不要穿太紧身的服饰或者太短的裙子;乱戴配饰,在办公室里,配饰尽量简单,不宜佩戴夸张或叮当作响的配饰;不专业、不够威严,在办公室,不宜穿学生装,或者带波西米亚风格、朋克风格等装束。

活力户外，伸展舒适运动装

当你跨出办公室，走出家门，脱下严肃的职业装和宽松的家居服，游走在人来人往的街头时，你是否希望自己能成为一个活力美人？相信对于很多女人来说，穿着伸展舒适的运动装是最惬意的事情。没有任何的限制，无所顾忌地穿出自己的青春与活力、激情与绚丽。

1.几种常见的运动装打扮

每个女人都有自己爱好的运动，有的女人喜欢街舞，有的女人喜欢散步，有的女人喜欢练瑜伽，有的女人喜欢跑步，有的女人喜欢打网球。对于每一种不同的运动，都相应地有它自己的一套装束。要想做一个活力四射的美人，就应该在不同的运动场合穿不同的运动装，这样才会尽显你的美丽本色。但是，对于更多女性朋友来说，运动装也可以穿出美感来，那些可爱的运动装不仅很适合运动，还能展现出女性的细长腿、小蛮腰。下面就简单地介绍几种常见运动的着装打扮。

(1)跑步。当你想去跑步的时候，可以选择灰色棉质背心搭配小短裤，棉质上衣会让你在跑步的时候不感到闷热，而小短裤更是放松了你的双腿。当你穿着这样的运动装，一边跑步，一边听着歌，简直就是时尚潮人。

(2)散步。如果你不喜欢跑步这样高强度的运动，你也可以试试散步，这样强度不大，还可以使自己全身心地得到放松。选择纯棉面料的灰色长裙，款式既可以适合办公室装束，面料也会让你的皮肤感觉很舒服，另外再穿一双简单的帆布鞋。你可以边散步边逛街，事实上，对于许多女性来说，逛街也是一项运动。

(3)街舞。时下，许多年轻女性都会选择跳街舞来达到锻炼和塑形的效果，你可以选择宽松的连帽衫，宽身的设计会让你觉得做高难度动作时都不会感到吃力，重要的是，棉质的面料会让你跳多久都不会感到黏糊糊的。

(4)练瑜伽。对于许多女性来说,下班之后会去健身房练练瑜伽或者跑跑步,跳跳健美操,也是不错的选择。你可以选择灰色运动套装,低调的颜色很有格调,里面可以套一个简单的黑色背心,以便于在健身房脱下外套运动。运动完之后披上外套,以免出汗之后着凉了。

2.运动装搭配技巧

许多女人抱怨运动装总是千篇一律,简单的款式,淡淡的颜色,显得很难看。但是,只要你学会一些搭配技巧,依然可以把运动装穿出时尚来。你可以为你的运动装束增添一些小饰品,比如墨镜、大项链、头巾等,一身运动装在潮流配饰的映衬下,会使你成为时尚达人;你还可以利用不同款式但同色系的黑色、白色、灰色运动装进行互相搭配,既时尚且不容易出错;你还可以尝试整套运动装,比如黑色运动外套和闪钻的黑色丝绒运动裤,再搭配墨镜,穿出了明星的气势;同色系的运动装,再搭配一款可爱的鸭舌帽或贝雷帽,让你时尚又靓丽。

除此之外,你还可以尝试不同风格的运动装搭配,比如,运动装的性感搭配,以条纹热裤配露脐短上衣,显得辣味十足;超短的牛仔裙搭配吊带,性感迷人,堪称完美的混搭;运动款的灰色背心搭配浅粉色的裙子,适合去打网球。还可以进行运动装的浪漫搭配,以条纹的迷你 T 恤衫搭配白色百褶裙,脚上穿一双平底凉鞋;以黑白相间的海魂 T 恤搭配牛仔热裤,脚上穿一双绑带帆布鞋。

优雅宴会,光彩耀人宴会装

对于天生就擅长交际的女人来说,会经常出入各种各样的宴会场合,比如朋友的婚宴、公司举办的晚宴、朋友聚餐的普通宴会。在各种场合,你的穿衣打扮必须合乎一定的礼仪,在不同的社交宴会上要配以符合个人特质的品位装扮。这样才能由内而外地自然散发出你自信的风采及内敛的涵养，在觥筹交错的宴会大厅，释放出与众不同的独特魅力，成为光彩照人的宴会精灵。当然，光彩耀人的宴会装必须适合你的身材、品位，吻合你的个人气质，还需要贴合宴会场合，这样才能达到预期的效果。

1.不同宴会场合，选择合适的宴会装

如果你被邀请参加一个宴会，那么你的首要任务就是弄清是什么性质的宴会以及主客的身份，将宴会装确定之后，再适当地添购一些配饰单品。朋友的婚宴场所，你的穿着打扮应尽可能地使周身洋溢着喜庆的气氛；而公司举办的晚宴，则需要了解宾客的衣着要求，是正式晚礼服还是小礼服；若是朋友聚会或者参加朋友的生日晚宴，则可以选择套装或者洋装，再搭配别具风格的手提包。

（1）参加婚宴。收到朋友的结婚请柬时，相信你一定十分高兴吧。一方面为朋友找到了一个好归宿而感到开心，另一方面，也可以借此机会秀秀自己压在衣橱里很久的小洋装。婚宴场合是一个接受祝福的地方，所以参加婚宴也需要讲究服饰方面的搭配。

作为被邀请的宾客，女人不要在婚宴上穿金戴银、浓妆艳抹，这样有抢新娘风头之嫌，同时也显得自己很庸俗。不过你倒可以选择一些有时尚感的精致配饰；一双有正装感觉的细高跟鞋，或者短靴也是不错的选择；一款淑女风格的连衣裙或者精致的洋装，如果你愿意花心思，还可以选择公主款上装；与整体服饰相协调的精美手包；淡淡的香水味也会为你的盛装增添不少亲和力。另外，在色彩方面，要避免大面积的黑色出现，你可以选择甜美的粉红色、浅橘色、香槟色、粉绿色等一些容易给人温柔轻松印象的色彩。

（2）晚宴。假如是公司举办的晚宴，你需要尽量以上司的穿着为参考对象，然后自己再作适宜的打扮，千万不能随性而至，这很有可能会抢了上司的风采或者因为太随便而失礼了。如果是晚宴比较正式，那你可以挑选一款合适自己的晚礼服，比如，黑色、开领、无袖，简单含蓄的黑色晚礼服是简单中的经典款式；或者自己搭配晚装，无袖开衩长裙、吊带丝质短裙都是不错的选择；当然，你还需要精美的小饰品为你锦上添花，一条华丽的披巾、闪亮的项链，一对夺目的耳环，一只纤巧的手镯，都是不错的配饰，可以引领你走向时尚；巧妙的组合式晚装，可避免撞衫的状况；一双高跟细袢的凉鞋或者与礼服相宜的高跟鞋；一个精巧雅致的手包，其特点是需要突出华丽、浪漫的美感。色彩方面，主要以黑色、白色、红色、花色为主。

(3)朋友聚会。假如是一般朋友聚餐或普通宴会，则可以选择较柔和的套装或亮丽浪漫的洋装。洋装有一种超凡脱俗的气质，不断地变更却始终旗帜般地伫立在时尚的潮头。其独特的艳丽色彩总能给人带来好心情，即便是简约的设计，也能穿出极具魅力的闪亮感。比如，纯净的米白色，搭配碎花淑女鞋，整体的形象中凸显出温婉淑女风范，使你甜美动人，再搭配适合而别具风格的手提包，就会自然地营造出温馨亲切的宴会气氛。

2.发型和彩妆

参加不同场合的宴会，自然少不了有魅力的发型和精致的彩妆。发型可以让人直接感受到你的个性，塑造出神奇的视觉效果，因此，你可以选择简约、干净利落的发型。另外，彩妆部分，除了基础的彩妆，你还需要依据宴会装的色彩，增添金银粉或亮光眼影，加重眼线的色彩，使用透明有光泽的唇彩，甚至还可以贴上比较拉风的小钻，使你的整体形象更加华丽。当然，别忘了把你的指甲修剪干净，可以适当涂上合适的指甲油或护甲油，再洒上一些魅惑但不刺鼻的香水。

逍遥出游，活泼休闲出游装

许多女人都有外出旅游的习惯，并以此作为放松心情的一种方式。所以，在她们外出旅游或玩耍的时候，便需要一款活泼的休闲装。休闲装是一种新兴流行的服饰，是一种运动式的服装，实际上就是运动装与平时生活装的结合。女性朋友可以穿着这样的休闲装进行如爬山、郊游、旅行等一些野外活动。休闲装最大的特点就在于其造型、质地，它必须能长时间地经受日晒和汗水的侵蚀，面料有吸汗通气的作用，色彩在长时间的磨损下依然闪亮如新，款式宽松舒适，如此才是外出游玩的必备服饰。典型的休闲服饰有T恤、牛仔裤、牛仔裙、套衫、格子绒布衬衫、灯芯绒裤、纯棉白袜、旅游鞋等。

很多女人之所以会如此热衷休闲服饰，主要是为了追求一种舒适、自然、无拘无束的生活。休闲服饰的搭配远没有正装那么复杂，它没有太大的讲究，如果说有个原则的话，那就是“舒适”。所以，休闲服饰的搭配相当自由随意，你可以自由发挥，但一定要体现出休闲的风格，力求“自然、清新”，应该避免烦琐、另类的装扮。

一百多年来，牛仔裤以快活而充满激情的独特风格，以及它所体现出来的自由自在的青春与活力，始终彰显着一种经典和优美。牛仔裤是一年四季永不凋零的明星，被列为“百搭服装之首”。

在牛仔裤的搭配方面，可以借鉴下面几种搭配方式：你可以尝试把牛仔裤与夹克搭配在一起，比如黑色夹克搭配深色牛仔裤；把牛仔裤与丝绸衬衣搭配，也会体现出女性的柔美，比如可爱衬衣搭配浅色牛仔裤，最好是选择搭配紧身的牛仔裤，可以显露出优美的腿部曲线；把牛仔裤与亮色的外套相搭配，在闪亮的短装外套里套一件白色蕾丝小背心，再搭配深色的牛仔裤；把牛仔裤与针织外套相搭配，粉色针织衫搭配浅色牛仔裤，表现你的青春与活力；把牛仔裤与皮夹克相搭配，皮夹克的颜色需要选择较浅的颜色，再搭配一双高跟鞋，一个大公文包，既显帅气又不失女人味。

牛仔裤作为休闲服饰的主要角色之一，也是女人衣橱里不可或缺的服饰单品。女性朋友需要注意的是，作为休闲服饰的搭配，牛仔裤并不是越潮越时尚，而是越简约风格越明显。休闲服饰的搭配就是以简单、舒适为目的，所以尽量避免一些烦琐的服饰搭配。

在搭配休闲服饰的时候，你所选择的服饰在风格上需要协调一致，给人以奔放、舒适之感。整体服饰的风格力求一致，不要让自己的上衣与下装的风格相差太大，比如你上衣是运动装，下装却穿着套装，这样的打扮会显得很怪异。另外，休闲装的面料不需要特别选择，只要舒适、美观即可。至于鞋子的搭配，最好是搭配运动鞋或休闲皮鞋，不宜穿布鞋或凉鞋。

休闲装的搭配还需要依据自己的身材，身材较胖的人不宜穿质料厚重、宽松款式的衣服，这样会使自己显得臃肿，可以选择薄型合体的服饰，比如尖形领口并长过臀部的上衣，搭配直裤。如果你想掩盖自己的小肚子，可以选择深色服饰搭配，在领部可以选择亮丽的领带、装饰花结作为闪亮的焦点。

第八章

点缀自己，搭配饰品透露性情

女人会在不同的场合为自己挑选合适的衣服，饰品自然也会有不同的选择，只有整体形象搭配才能将最完美的自己呈现出来。一个有品位的女人，不仅要懂得如何穿衣打扮，更需要学会点缀自己，为自己华丽的服饰再增添一些时尚、浪漫、雅致的小饰品，做到锦上添花。你总不能每次都以同样的装扮出现吧，这就需要在一些细节上佩戴小饰品，千万不要小看那些不起眼的配饰，也许只是一条华丽的丝巾，一对夺目的耳环，一只纤巧的手镯，就可以为你带来神奇的效果。它们就如同有魔力一般，为你增添耀眼的光彩，耳环会坠出你的真品位，手包看出你的真性情，闻香让人识女人，丝巾的柔软为你增添女人味，精致的手表立显你的高品位，绽放的胸针会为你带来不一样的风情。著名时尚大师香奈儿说："饰品不是让女人看上去更富有，而是让女人看上去更高贵。"

耳环形式坠出女人高雅身份

许多女人在服装和饰品上都精挑细选，力求达到最完美的效果；而在众多饰品中，耳环则是显示高品位的一个小饰品，也是许多女人难以割舍的情怀。女人们不惜忍着疼痛去扎耳洞，就是为了佩戴各种各样的耳环，几乎每一个爱美的女人都会有几款风格迥异的耳环。耳环又被称为耳坠，它是用金属或玉石制成的戴在耳垂上的装饰品，在一定程度上可显示出某种风俗、信仰、地位以及财富。所以，耳环对于女人来说是不可缺少的装饰品，不仅仅是为了点缀出不一样的美丽，更是为了彰显自己的真品位。

在人潮涌动的街头，年轻的女孩佩戴着形形色色、各式各样的耳环，成了一道最美丽的风景线。阳光的照射下，耳钉绽放出宝石的光芒，点点闪烁摇曳在日光中，显得富贵而华丽。耳环，作为一种饰品，早在它出现之时已经成为了高贵身份的象征。

相传，在古代有一位姑娘不幸害了眼病，不久双目就失明了。后来，幸运的她遇到了一位名医，名医认为她完全可以复明。于是，在取得姑娘的同意之后，名医拿起了闪闪发光的银针在姑娘的两侧耳垂中各刺一针，奇迹出现了，姑娘重见光明。姑娘心怀感激，为了表现自己永远不忘名医的恩情，她请银匠打造了一对耳环戴在耳上。当姑娘戴上银耳环后，变得更加秀丽俊俏，她逢人便传诵名医的医术高明。

穿耳戴环能明目的奇迹传开以后，许多富裕人家的姑娘和妇女都纷纷穿耳戴环，并流传至今，成为高贵身份的象征。

这个美丽的故事又为耳环增添了一份神秘感，其实，从医学上来说，刺激耳垂正中的穴位，可以保护视力和防治麦粒肿、急性结膜炎、老年白内障、中心性视网膜炎等各种眼病，特别是对近视眼有良好的疗效。也许，这是很多喜欢戴耳环的女性都没有想到的。

一个有品位的女性，只有知晓一些耳环的知识，才能够很好地进行搭配，坠出自己的真品位来。下面我们就耳环的几种类型，以及耳环的搭配技巧作简单的介绍。

1.耳环的类型

耳环的类型是多种多样的，有最简单的钉状耳环，也有夸张的圈状耳环，还有比较复杂的悬挂式耳环等，这些形形色色的耳环将会为你带来不同的风情，不同的美丽。

（1）钉状耳环。钉状耳环是最简单也是最流行的一种耳环，其简约清新的风格备受年轻人的喜爱。它的佩戴方式是耳环的针穿过耳洞，在耳背用托固定，一般在最初穿耳的时候，所使用的就是钉状的耳环。另外，还有一种悬垂式耳环，它的长度不一，有的较长，可以到肩膀位置，这种悬垂式耳环一般在比较隆重的场合使用。

（2）圈状耳环。圈状耳环的佩戴方式是在中间开一个口，穿过耳洞，它在古代被称为玉玦。一般来说，圈状耳环有大有小，小的看起来十分精致秀丽；大的耳环看起来显得很张扬，是很多时尚潮人的最佳选择。

（3）悬挂式耳环。悬挂式耳环是专门为那些没有打耳洞的女性所设计的，只是挂在耳背上，这种形状的耳环也越来越流行。还有一种悬挂式耳环——夹状耳环，它是部分圆环形耳环，设计成夹状，夹着耳珠。

2.耳环的搭配

与衣服搭配一样，耳环也是需要讲究搭配技巧的，并不是漂亮的就绝对是适合你的。那些喜欢佩戴耳环的女性朋友，千万不要因为随意搭配而影响到你的整体形象。所以，对于你来说，熟知一些耳环的搭配技巧是非常有必要的，合适得体的耳饰搭配往往会为你的整体造型增添一份不一样的风情。

（1）不同脸型的耳环选择。耳环的选择是需要看脸型的，如何选择耳环的款式和形状来搭配脸型是一门值得研究的学问，它所遵循的原则就是，耳环的形状既不要与脸型重复，也不要与脸型极端不同，而是应该与脸型互相映衬，点缀出神奇的美丽。

椭圆形脸的选择余地是最大的，它可以适合任何款式的耳环；长脸型适合佩戴圆形、心形、方形或菱形耳环，比如传统的珍珠、宝石耳环都是不错的选择，应避免垂珠、串珠这样的细长形耳环；方脸型应选择长垂型或头部尖细造型的耳环，应避免方形或立体感很强的耳环，比如三角形、方形、五角形等棱角锐利形状的耳环；瓜子脸应选择圆形或小巧玲珑的耳环，比如水滴形、葫芦形耳环，应避免三角形的耳环；菱形脸应选择“下缘大于上缘”形状的，比如水滴形、栗子形等耳环，应避免菱形、心形、倒三角形等坠饰；上尖下方脸型应选择“下缘小于上缘”形状的耳环，应避免三角形、六角形的耳环。

(2)不同肤色的耳环搭配。耳环的色彩应该与肤色相搭配，一般来说，肤色较暗的人不适合佩戴色彩过于饱和、明亮、鲜艳的颜色，如宝石类或水晶类的耳环，而应该选择质感色彩相对柔和的耳环，比如珍珠耳环；而肤色白皙的女士，则适合佩戴暗色系的耳环，更能衬托肤色的白嫩。

另外，耳饰的选择还应该与服装相搭配，以及你头发的颜色，搭配的原则是：同色系搭配可以产生和谐之美，反差较大的颜色假如搭配合适，也能呈现出层次的动感之美。

(3)耳环的身份感。耳环是高贵身份的象征，它的佩戴和服装一样，需要与你的年龄、个性和身份相符合。当你上班的时候，适合佩戴一些简洁清新的耳钉，而尽量避免张扬烦琐的耳环；当你身着休闲装的时候，你可以选择极富个性的耳环，比如夸张的几何图形、粗犷的木质耳环、吉卜赛式的巨型圆环，以展现你的野性美。另外，耳环的佩戴还需要符合年龄，年轻的少女对耳环的选择多注重造型与动感，而不太注重质地；而中年女性为了彰显自己的品位，则更多地注重耳环的质感，不太注重耳环的造型。

手包风格提升女人整体形象

每个女人都应该拥有一个精致的手包，它如同绽放在指尖的花朵，让你的掌心不再孤单。手包，对于女人来说十分重要，它不仅仅是整体造型中的主要配角，更是彰显你风格的一张名片。许多女人毫不忌讳地说出自己对手包的疯狂程度，“要是出门没有带手包，我都不知道该把手放在哪里”。另外，很多女人都有这样的体验，当你出门的时候忘记了带手包，总是有一种莫名的不安全感。手包逐渐成了女人服饰装扮的一部分，绝对算得上是一件举足轻重的饰物。手包是一个女人性情的直接体现，观察她所用的手包，就能判断出她的风格和价值观。一个驰骋于职场的白领丽人，她的手包一定是风格简单、中规中矩的公文包；而一个活跃于时尚潮流里的新新女性，则会选择风格另类，却引领流行的时尚手包；而对于一个随意的女性来说，她会选择实用又方便的休闲包。所以，品位女人应该为自己挑选一个合适的手包，为自己的整体形象增添一份时尚与妩媚。

许多有经验的销售员，在观察顾客是否有潜在的购买能力时，不是关注她所穿的衣服，而是观察她所用的手包。因为在她们看来，手包的选择和搭配远比穿衣服困难得多，一个精致而又得体的手包直接体现了主人的品位与追求。手包的搭配虽然没有服饰搭配那么复杂，但绝对也算得上一门学问。当你在购买手包的时候，不要进入一个误区，那就是越花哨越喜欢，越时尚越中意。其实，一个有品位的女人，可能会选择黑色的手包，因为最简单的颜色才是百搭之首，同时也是最经典的。在手包的质地上，需要考量其面料，选择品质低劣的手包并不是什么错误，但是手包作为一种品位的象征，自然不能太掉价。所以，你应该尽可能地选择简约的风格、高级的面料，才能历久弥新，而不需要经常购买新的。

1.不同场合的手包搭配

与服饰的搭配一样，不同的手包应该符合相对应的场合，这样才会让你在各种社交场合如鱼得水、应对自如。手包是女人身份的象征，所以应该把你各种款式的手包进行分门别类，如将其简单地分为正式的与非正式的。

(1)正式场合。当你参加鸡尾酒会或者舞会时，一定要注意手包与晚装的合理搭配。这时候需要特别注重手包的质地，廉价的款式可能会让你从头到脚都失去了信心，而那些做工和质量都高档上乘的手包才是你明智的选择。材质可以选择绸缎、天鹅绒、漆皮、珠饰布面等，色彩可以选择黑色或一些金属色系，这样才倍显高贵。假如你穿的是小黑裙，那你可以选择紫红或桃红这样醒目色彩的手包。

（2）非正式场合。如果你经常参加朋友聚会，或者周末的时候外出游玩，那么你可以选择物美价廉的手包则更加实际。一方面不用担心因为手包不够档次出洋相，另一方面即使不小心丢失了也不会觉得有太大的损失。当然，非正式场合也是需要讲究手包的搭配的，你在选择一款手包的时候，应该仔细考量，它应该能和至少三件以上的衣服相搭配，所以应该尽量避免一些不好搭配的款式与颜色。对于有些非正式场合，为了图方便你可以选择带腕带的小手包。

（3）日用手包的选择。日用手包就是你平时每天使用的手包，应尽量选择偏大的手包，以方便放更多的东西。除了放你平时必带的现金、信用卡、手机、钥匙、口红、化妆镜，偶尔还能放进一小叠工作资料。

2.手包的搭配

手包的搭配堪称是难度比较大的工作，这就需要爱美的女性多花点心思了。其实，手包的搭配实际上就是与服饰的搭配，有一个最重要的原则需要记住，那就是手包只在整体造型中担任主要配角。它的作用就是映衬服饰，衬托整体形象，所以不要以服饰去搭配手包，这有点喧宾夺主之嫌。若你挎着一个过分花哨的手包，只会将他人的注意力从你的身上挪到了包上，进而会影响你的整体形象。

（1）手包颜色与服饰颜色的搭配。黑色的手包显得高贵优雅、神秘而有韵味，可以搭配白色、米色、灰色、蓝色系的服饰；白色的手包显得纯洁而清新，可以搭配任何颜色的服饰；米色的手包显得宁静而成熟，可以搭配黑色、白色、灰色、蓝色的服饰；粉色的手包独显女人味，可以搭配白色、黑色、玫瑰色的服饰；深浅蓝色手包可搭配黄色、红色的服饰；紫色的手包愈显高贵，可以搭配黑色、白色、黄色、灰色的服饰。

手包颜色的搭配有一些技巧：同色系，手包与服饰呈同色系深浅的搭配方式，营造出典雅之感；对比色，手包与服饰的颜色成强烈的对比色，异常抢眼；中性色，中性色的服饰搭配点缀色的手包，也是不错的选择；与服饰颜色相呼应，手包的颜色可以与服饰颜色中的一个颜色一致。

(2)手包款式与服饰款式的搭配。手包又分为小手包、大手包,它们在与服饰搭配的时候,也会出现细微的差别。小手包是许多女性朋友随身携带的,里面可以装现金、钥匙、银行卡等一些小东西,小手包的款式很多,有高档的牛皮包、羊皮包,也有布料制成的首饰小手包。这样的小手包可以搭配套装、套裙等女性感比较强的服饰。大手包主要是与休闲装相搭配。

香水味道恰如女人诱惑美

女人和香水的关系就如同男人和酒的关系,无论你是性感的明星,还是田间的妇人,只要是女性,都逃脱不了香水的诱惑。著名影星玛丽莲·梦露有一句名言:“香奈儿5号是女人睡觉时‘穿’的香水。”一个女人浑身沐浴在香水的味道中,就如同为自己穿上了一件美丽而令人遐想的衣服。对于每一个爱美的女人来说,那幽远淡香就是最致命的诱惑。自古有“闻香识女人,煮酒论英雄”之说,女人钟情于香水,是源于女性的爱美之心。美国时尚专家贝克·雅各布曾说:“女人可以不漂亮,但不可以不美丽。”身为女人,美是我们一生的使命,因此,女人对香水永远不能说不。香水,对女人来说有如此强烈的吸引力,那是因为香水的味道本来就属于女人。

男人在酒巷子里不知归路,如痴如醉;女人也在香水的世界里找不到自己,美丽让她们忘记了自己。有个故事比较有趣,当倪匡第一次拜访琼瑶的时候,琼瑶热情地招呼:“用什么好东西招待你呢?”倪匡风趣地说:“世界上最名贵的液体,以法国出产最著名。”琼瑶马上走进了房间,把一瓶香水拿出来往空中一喷,说:“用你的鼻子来嗅一嗅吧,这就是最贵的法国液体——香水!”倪匡哭笑不得,世界上最贵的液体不是法国的白兰地吗?

女人钟情香水,是因为她们坚信自己是女人中的女人,爱香水就像爱自己的身体一样。或者,我们可以说香水的浪漫色彩已经成为了她灵魂的一部分。香水的魔力，在于它将女人的娇羞、自信、野性全部锁在了清淡、浓艳、妩媚、妖冶的清香之中。它在诞生之初，就开始渗透女人的灵魂，并为女人所利用和服务。香奈儿曾经这样介绍她的香水，“您该把香水抹在想让情人亲吻的地方”；戴安娜曾用香水的香气来克服娇羞，增强自信与魅力；纪梵西香水是奉献给“千般宠爱于一身的女人”的；保罗·伯恩自杀时，将情人好莱坞明星琼·哈洛最喜欢的娇兰香水洒在自己身上，诀别信中只写着“我爱你”。

1.正确使用香水

品位女人还需要学会正确地使用香水，才能使自己变得魅惑而迷人。

首先将香水分别喷于左右手腕静脉处，双手中指及无名指轻触对应手腕静脉处，随后轻触双耳后侧、后颈部；轻拢头发，并于发尾处停留稍久；双手手腕轻触相对应的手肘内侧；使用喷雾器将香水喷于腰部左右两侧，左右手指分别轻触腰部喷香处，然后用沾有香水的手指轻触大腿内侧、左右腿膝盖内侧、脚踝内侧。

注意擦香过程中所有轻触动作都不应有摩擦，否则香料中的有机成分发生化学反应，可能破坏香水的原味。

2.香水使用的违忌

香水不宜过浓或洒得太多，也不要喷洒在容易被太阳晒到的身体部位上，否则有可能会引起化学反应而导致出现皮肤炎症或点状黑斑；不宜直接擦在脸上以及过敏性皮肤上面；不宜直接喷洒在皮肤上，否则会导致皮肤过敏；香水不宜涂在额上、腋下和鞋内等易出汗的部位，否则会将香水冲淡，出现汗味与香味混合之后的怪异气味；两种不同的香水不要混在一起使用，混合之后的香味已经丧失了香水本身的纯味，而且闻起来也不舒服。

作为一个有品位的女人，更应该有一款自己的香水。魅惑而不妖冶，幽香而不浓烈，淡雅而不俗气，让在你身边匆匆经过或者停留的人都能感受到你想要表达的一切。香水的美妙并不是瞬间的短逝，而是悠远的长存。当一种神秘而缠绵的香味袭来时，就可能会唤起你久远而深刻的记忆，那些逝去的美好一如香水的味道，只滞留在灵魂的最深处。

柔软丝巾好似女人柔情美

泰戈尔曾经用诗这样赞美丝巾："女人最美丽的情怀就是从这不足50厘米的方寸丝巾上开始浪漫地演绎的。"丝巾，这样一块神秘的布料，似乎在它诞生之初就偷阅了女性的所有气质，一抹浪漫，一丝飘逸，一份随性，一阵疯狂，于是，它与女性始终存在着一种剪不断、理还乱的亲密关系。丝巾那柔美神秘宛若珍珠般的光泽，传播着女人的高贵与优雅。奥黛丽·赫本说："当我戴上丝巾的时候，我从没有那样明确地感受到我是一个女人，美丽的女人。"钟情丝巾的她只有一件衬衫、一条裙子、一顶贝雷帽、一双鞋，却有14条丝巾。世间的女人不知道是受了这位将美丽化为传奇的女子的蛊惑，还是受了丝巾的诱惑，从此与丝巾有了不解之缘。

薄如蝉翼的丝巾，像流水一样舞动于颈项，旋转、跳跃，令人如痴如醉。丝巾，从某种意义上就代表了女人，当你系上丝巾，就莫名地多了一份骄傲，多了一份妩媚。它随风缠绕，随意飘动，轻柔姣丽的身影，令人心动。它就是女人最亲密的知己，贴切又温柔地呵护着女人，总是以柔软的姿态给女人最美的慰藉。女人如果没有一条属于自己的丝巾，就会显得缺少了一些女人味。

《荷马史诗》中对维纳斯有一段描写：她身上经常带着一条上面绣得奇奇怪怪的带子，里面包藏了她的全套魔术，有爱和情欲，以及要把一个聪明男人变成"傻子"的甜蜜迷魂话语。后来，天后赫拉得知维纳斯拥有这神奇的法宝，便向她借取这条"用以降伏人类和诸神的全部能力"的带子以迷惑宙斯。

维纳斯身边那条透明轻盈的带子，充分展现了维纳斯的爱与美。也许，女人就是从那时候开始喜欢丝巾的吧，并一生为它痴迷。在《罗马假日》里，美丽的赫本坐在自行车上，带着对这个世界的好奇，随风舞动的丝巾如内心的自由，无尽地释放，那唯美的画面，让人深深地记住了美丽的赫本。伊丽莎白·泰勒曾说过:"不系丝巾的女人是最没有前途的女人。"这样一句话,击中了女人们的神经。

麦当娜一向以夸张另类的装扮著称,但据说,麦当娜是世界上拥有丝巾最多的女人,无论走到哪里都是丝巾相随。麦当娜是一个极致的丝巾女人,在她身上,一方丝巾可以戴得风情万种,仪态万方。著名设计师 Jean Paul-Gaultier 这样形容她:"她在用丝巾铸造不朽的时尚。"

一次,麦当娜去参加一个高雅的晚宴,她所穿着的丝绸曳地长裙不知道被谁踩住了裙摆,裂开了一条大口子。旁边的人都为麦当娜着急,认为她只能提前离开了。但麦当娜从晚宴包里拿出了一条大方巾,一个转身就把它系成了一条裙子。不仅完全盖住了开裂的裙摆,图案特别的丝巾裙更为她增添了一分民族特色。

我们不得不赞叹麦当娜的别出心裁,丝巾在她的眼里已经不再是一块普通的布料,而是有了魔法的美丽饰品。她可以用一方丝巾把温柔与性感这两个极端的美和谐地融合到一起,顿时使丝巾变得姿态万千。

一个有品位的女人,需要拥有几款风格迥异的丝巾,更需要懂得丝巾的系法。丝巾可以作为华丽的头巾,即使只是一件最简单的黑色礼服,在华丽头巾的映衬下,也会使你看起来高贵典雅。主要的系法:将大方巾两个对角往中心点对折,折到适合自己的宽度;丝巾与项链平行,丝巾两端穿过项链,再在两端系结固定;然后戴在头上,在后方打上蝴蝶结。丝巾可以作为项链:将长方巾缠绕成麻花状,再与项链缠绕,在两端打结固定,轻松地系在脖子上。另外,丝巾还可以作为胸花,将胸花与丝巾相搭配,搭出飘逸而高贵的效果。将方巾折叠成条状,随意搭在脖子上,打一个结,再将胸花固定在结上,需要注意胸花与丝巾色彩搭配。

丝巾伴随着女性,由神秘的东方走入了西方,由宫廷走向了民间,它就像高跟鞋、香水一样,是属于女人的。风华灵动的女人披戴着它,或是在颈间,或是在胸前,这是最亲密的肌肤接触,也是最美丽的相依相伴。柔软的丝巾就如同女人的心,曼妙姿态,行若流水,舞动着美丽的传奇。

冷静手表流露女性知性美

没有哪个女人不爱美，没有哪个女人愿意拒绝腕表的知性之美，当奢华的珠宝遇上了冷静的腕表，有品位的女人似乎更青睐于后者。在现代化的今天，也许略显古老的手表已经慢慢淡出了人们的视线，但是它却永远引领着时尚的经典。男人与手表成为了百年不变的话题，那是一种成功的象征。所以，有的女人会认为佩戴手表是男人的专利，而自己只需要佩戴金银首饰就行了。其实，这样的想法是片面的，手表是一种品位的象征，更是一种知性美的体现。

如果说哪一件单品就足以体现一个女人的品位，那么它一定是一款经典的手表。手表可以雕琢出你的个性，彰显出你与众不同的精致，以及对奢侈品的认知度和决断力。有人说，女人如手表，有着最精致的做工，最经典的韵味，同时都是男人们的最爱。也许，手表见证了女人最美丽的生涯，而女人则成为手表的终身伴侣。手表，在男人身上，它是一种成功与权力的象征；但在女人身上，却显露出柔和的知性美，以及与众不同的韵味。不能不说，手表对于女人来说，是经典的、有品位的饰品。

杨澜曾经这样说："女人总是少一件衣服，因为她总是缺少一种在特定环境下最贴切的表达。手表和衣服是一样的。"手表对于杨澜，是一天心情的象征，这显然不同于男人对手表的认识。

杨澜认为自己是一块手表都不多的女人，但是却够用，像经典款、运动款以及华贵的晚宴正装表，她都一一备好。因为工作的关系，杨澜会经常出入不同的场合，或是到乡村访问，或是参加时尚界的酒会，或是参加财经界方面的主持和采访。她认为在不同的场合，应该佩戴不同的手表。

杨澜对于手表，有两个最基本的要求。"手表对于我，一种是实用的功能，我希望它是一块走得准的手表；二是工艺精湛，我喜欢一切注重细节的东西，不一定花哨，但是细节要很完美。"也许，对于很多女人来说，手表算得上是一种奢侈品，但杨澜却不认为奢侈品就一定是价格昂贵的。她认为奢侈的最高境界是舒服，如果不舒服，受到约束，那它就不是一个适合你的奢侈品。“我过生日，或者结婚纪念日的时候，先生会送我手表。而且因为意义不同，我很喜欢，会一直戴着。”

也许，正是杨澜对手表的内涵、品质、细节、感情四个方面的要求，才是她性格的魅力所在。一个有品位的女性，一定要拥有一款经典的手表，可以常伴自己左右，可以陪伴自己走过美丽的人生。

也许，每一块陪伴女人走过岁月的腕表，都隐藏着一个动人的故事。当米歇尔进驻白宫的时候，双层珍珠项链，黑色正统连衣裙，一块卡地亚法国坦克手表，珍珠项链戴出了女性的柔和，而硬朗的坦克腕表则体现了这位史上最高的第一夫人中性大气的健美；当戴安娜完成离婚官司从法院走出来的那一刻，有一种云淡风轻的平静，陪伴着她的是一款经典的腕表。手表，它本身也许只是一种时尚的经典，却赋予女人不同的美丽体验。

当然，品位女人还应该知晓一些手表的佩戴知识，才能够为你手腕那小小的一方天地增添无尽的美丽。手表的选择需要符合你的年龄，年轻的女孩可以选择色彩艳丽、款式新颖独特的手表，而中年或老年女士，则可以选择黑色经典色系、款式经典大方的手表以显现自己的品位；手腕的粗细也有不同的选择，手腕比较纤细的就要选择轻巧些表带细些的手表，这样会看起来不至于那么瘦弱，而骨架比较大，手腕稍粗的，就要选择表带宽些，看起来厚重些的表，这样会把手腕衬托得看起来粗细适中；另外，不同肤色也有不同的选择，白皙一点的就可以随意佩带任何颜色的手表，以浅色为主，但深色的手表会使你的皮肤显得更加白嫩；而肤色暗淡的，最好选择深色的表，这样会使皮肤看起来白一点。

绽放胸针释放女人精致美

胸针，只是一个小小的饰品，却是从美丽女人的胸口深处生长出来的另一个神话。于是，女人味自胸针里静悄悄地绽放，摇曳着无与伦比的美丽。

也许，在庞大的饰品王国里，胸针只能被称为一个小精灵，但千万不要忽视了这个小精灵的搭配作用。每到季节变换的时候，它就会重新回到时尚的舞台，以精致多变的魅力，让每一个女人都尽情释放柔情的女人味。胸针，放在女性身体最具吸引力的部位，彰显独具个性的品位。那一枚枚精致华美的胸针里隐藏着女人万般风情，更是直接凸显了女性高雅的品位。光彩夺目的宝石胸针淋漓尽致地展现了女人的高贵、奢华；翡翠玉饰胸针完美地诠释了女人的优雅、柔美；而晶莹璀璨的钻石胸针，则和女人的柔情万种完美地融为一体。

当宙斯吞掉怀孕的妻子之后，雅典娜却突然从宙斯的脑袋里一跃而出时，美丽女人便成为了一部打开的书。为了阅读这部书，所有的男人们都去买一枚胸针送给他心爱的女人。于是，戴着胸针的美丽女人在黄昏到来的时刻，闲适地分发橄榄枝和橄榄油给那些嗜血成性的男人，并暗自把所爱的男人紧紧地别在了自己宽大的裙裾之上。胸针，陪伴着每一个女人走过岁月的角落，逐渐幻化成一种精致的情怀，一份惬意的浪漫，一个华丽的海誓山盟，一段美好的回忆。一枚胸针，也许就是一个故事，精致小巧的胸针就犹如每个人心灵深处那一颗总也忘不了的朱砂痣，里面隐藏了悲喜爱恨。

1993 年赫本去世的时候，年迈的格里高利·派克奔波跋涉，毅然前往瑞士去送赫本最后一程，他抚摸着赫本的棺木，只深情地说了一句：“你是我这生最爱的女人。”10 年后，在苏富比拍卖行举行了赫本生前衣物、首饰慈善义卖活动。87 岁的派克拄着拐杖，颤巍巍地前去买回了那枚陪伴她近 40 年的胸针——那是他送给她的结婚礼物。之后，仅仅两个月，他就闭上了眼睛，去天国寻找他那个叫赫本的天使。

他们因出演《罗马假日》而相识，在之后的 40 年，派克在任何时候都维护着赫本，宣传着赫本，赞美着赫本，而当 25 岁的赫本因《罗马假日》获得奥斯卡金像奖的时候，她也只说了一句话：“这是派克送给我的礼物！”他们之间超越了任何友谊与爱情的情感，是人世间再不能多得的，如那枚蝴蝶胸针，看似质朴无华，实则高贵无比，叫人只能仰慕。

他们之间的感情就像那枚光彩夺目的胸针，别在他们的心坎上。即使等到青丝变白发，褪下了华丽的衣裳，那枚胸针，依然闪亮在灵魂深处。1954年的蝴蝶胸针，挥舞着轻盈的翅膀，停留在每一个女人的胸前，一直闪耀在她们心中，也驻足在男人的记忆里。胸针本有价，是那胸针背后的故事，让这些胸针变得无价。

胸针的款式可大致分为大型与小型两种类型。大型胸针的长度或直径约为5厘米，图案比较复杂，大多嵌有天然宝石或人造宝石；小型胸针的长度或直径仅为2厘米左右，除了可以别在胸前，还可别在领口、驳领口使用，它的体积小，花样也较为简单，多为独枝花朵，也有十二生肖的动物造型。美丽的女人胸前佩戴一枚精巧而醒目的胸针，不仅可以引人注目，给人以美感，而且可以加强或削弱外观某一部位的注意力，达到使衣服和首饰相得益彰的审美效果。

胸针的质地、颜色、位置需要与服饰相搭配。一般来说，穿西装时，可以选择大一些、质地好一些、色彩纯的胸针；穿衬衫、薄型羊毛衫则可以佩戴款式新颖别致、小巧玲珑的胸针。胸针别的位置，如果是带领的衣服，胸针别在左侧；穿不带领的衣服，可别在右侧。发型偏右，胸针别在左侧；发型偏左，则别在右侧。如果发型偏左，穿有领衣服，胸针应别在右侧领子上，或不戴胸针。胸针上下位置应在第一、二粒纽扣之间的平行位置上。按照习惯，钻石胸针应在晚上佩戴，白天宜戴金属或塑料的胸针。另外，少女及年轻妇女适合佩戴小巧精致的胸针；而中老年妇女则可以选择质地考究一些的胸针。

第九章

雕刻自己，生活情调显示风情

品位女人，要懂得雕刻自己，做一个有生活情调的女人。你在露天咖啡馆喝咖啡是一种情调，你热心收藏各种年份的法国红酒是一种情调，你坐在窗前一个人品茶，这也是一种情调。情调充斥着生活的每一个角落，丰富着我们的心灵，陶冶着我们的情操，洗涤着我们的灵魂。懂得生活情调的女人，具备天然的优雅与从容，会打理自己的生活，维护好生命中最重要的东西。有的女人热衷于穿衣打扮，有的女人钟情于化妆美容，殊不知，那在岁月里逝去的容颜，在时间里被丢弃的青春，只会成为昙花一现。而一个有情调的女人，则会因为心中那份对生活的热情，时刻保持着雍容华贵的姿态，在风雨交加中绽放着自己的美丽。

品茶，体会醇厚的甘甜

茶是中国传统文化的经典，中国人历来对茶情有独钟，品茶也品出了茶文化。或许，每个女人都有品茶的经历，却没有把品茶当作自己生活的一部分。其实，品茶也是一种生活情调，是每个女人都需要去培养的一种生活情调。千万不要因为它的青涩之味而敬而远之，也不要因为它的简单朴实而避之，以平和的心境，才能品出茶香之味来。在闲暇之余，静静地为自己沏一杯澄净的绿茶，茶味悠远，意味更悠长。只需一个杯子、一撮茶叶、一壶沸水，即构成了极富情趣的生活。当沸水注入杯中，唤起了那干瘪茶叶的生命之源时，茶叶便随着缓缓流入的水尽情舞蹈，享受着水给予的滋润，慢慢浮出水面。茶杯里，一个情窦初开的少女舒展着优雅、婀娜的身姿，缠绕着绿的柔美，那绿晶莹剔透、那绿清清爽爽。作为一个女人，作要学会品茶，体会那醇厚的甘甜。

从来佳茗似佳人，女人如茶。茶需要慢慢体味，而女人亦是；茶有醇香，女人有韵味。佳茗与佳人从此有了不解之缘，《红楼梦》里，“贾宝玉品茶栊翠庵”那一章，庵主妙玉以旧年蠲雨、梅花雪液烹茶待客，“六安茶、老君眉、体己茶”，单这名字就令人无限遐想，再加上“海棠花式雕漆填金云龙献寿小茶盘，成窑五彩小盖钟、绿玉斗，一色官窑脱胎填的盖碗，九曲十环一百二十节蟠虬整雕竹根大盏”等茶具，那绝美的茶道，那精美的茶器，令人感受到茶的清雅韵趣。闻着那兰香氤氲的茶气，即便是没有亲口品味，也已觉得齿颊留香。

徐静蕾身兼导演、演员、作家等多重身份，平时虽然生活极为忙碌，但下午茶早已成为她日常生活中不可或缺的一部分，甚至创造出了自己的四季下午茶谱。徐静蕾说：“工作之余，一个茶包加上两分钟时间，一杯醇香甘甜的红茶即刻便能完美呈现。红茶能舒缓解压，让我在小憩后拥有更好的工作状态。红茶在不同季节也有不同的搭配秘诀，干冷的冬天我会加些姜糖驱寒保暖；秋天则适合甜甜的蜂蜜，温暖惬意；夏天的时候加上点苹果酱，俏皮而健康；春天则加柚子酱，清爽美味。配合四季的心情创造多姿的红茶，给生活一点创意，给生活一点乐趣！”

徐静蕾一直被人们称为才女，容貌清丽的她在有着众多佳丽的娱乐圈里并没有被淹没，反而以更耀眼的姿态脱颖而出，她身上的韵味就如同茶味一般，清香而幽远。正如卢仝的《走笔谢孟谏议寄新茶》：“一碗喉吻润，两碗破孤闷，三碗搜枯肠，唯有文字五千卷，四碗发轻汗，平生不平事，尽向毛孔散，五碗肌骨清，六碗通仙灵，七碗吃不得，唯觉两腋习习清风生。”品茶不仅品出了茶味，更品出了人生真味。

茶，是先青涩而后甘甜，令人回味无穷，品茶就像品味人生一样，在经历了风霜雨露的洗涤之后，最终会走向鲜花芬芳的成功之路。阳春三月，就着斜阳，凭栏眺望，嗅着茉莉的清香，在春风中深深地沉醉；夏天的六月，最适宜微苦的苦丁茶，苦味之后的甘甜会扫除你心中的烦躁；十月，一杯温厚的毛尖，让你品味秋的韵味，秋的欢快，秋的悲凉；初冬，一杯香茗，带给你阵阵暖意，点点快乐，滴滴幸福。

中国的茶文化源远流长，自古就有“斟茶要七分满”之说，这是礼仪，更是一种茶道。品茶也有讲究，“天生成孤僻人皆罕”的妙玉说：“一杯为品，二杯即是解渴的蠢物。”如果你仅仅把茶用来解渴，那你就辜负了茶叶、茶具。茶，本身就充满了雅味，茶且品，便觉得是雅到了极致。品茶之美在于它的幽雅恬静，宁静的午后，沏一壶清香的绿茶，淡淡的茶香沁人心脾，蒸腾的热气迷住了双眼，茶叶在壶中摇曳，弥散亦迷离。

佛说：“菩提本无树，明镜亦非台，本来无一物，何处惹尘埃。”品茶也是如此，是繁华落尽之后的落英缤纷，是年少浮躁之后的平淡真切。茶味甘甜醇香，浓而不腻，淡而不俗，流淌在空气中，轻轻回响在心田，透明、空灵、清幽。女人如茶，女人更应该学会品茶，佳茗配佳人，这就是生活的情调。

品咖啡，品味余香的苦涩

有女人说，续杯咖啡，等待爱情。女人之所以钟爱咖啡，是因为女人与咖啡比较相似。咖啡的独特醇香，色泽凝重，透着忧郁和冷寂，犹如一个曾经沧海的女人。女人品咖啡，咖啡也品女人，你品它的寂寞，它品你的虚空，彼此在意味悠长那一刹得到了满足。坐在优雅的咖啡厅里，点上一杯咖啡，不加糖不加奶，一边看书，一边品味咖啡独有的那份苦涩与香醇。咖啡味苦，却胜在香醇，那苦味之后的余香，久久地萦绕在心头，不肯离去。咖啡那独特的风味与魅力，容易令人上瘾，让人迷醉的不是咖啡本身，而是那一种气氛与浪漫。当你把形形色色的记忆和情绪都埋藏在杯子里，咖啡，从此就有了无可取代的浓郁滋味。

手捧一杯浓郁的咖啡，在忙里偷闲的时候，在闲情逸致的时候，或是在某个孤独的黄昏，或是在一个雨天的午后，细细品味咖啡的苦涩与醇香。那一抹浪漫，那一杯苦涩，那一阵清香，慢慢地扫除了积压在心中的阴霾，带来一种醇香的快乐。品位女人只愿坐在夜的怀抱里，静静地倾听，倾听心灵的呼唤，倾听咖啡浓郁的声音，沉静的夜，只有咖啡的余味飘远，诉说着无尽的忧思。咖啡与心事、孤独有关，咖啡是一种华丽的情调。当然，品味咖啡需要一种心境，淡雅的环境，舒缓的音乐，那样或浓或淡的幽香，一个人细细地品味。品咖啡似乎都是一个人的事情，若是人多了，气氛杂了，就品不出咖啡独特的苦涩与韵味。对于每一个女人来说，更是如此，在寂静而又孤单的午夜，一杯热气腾腾的咖啡，是女人最好的慰藉品。只有女人才能品味出咖啡的寂寞，只有咖啡才能猜透女人的心事。咖啡与女人，就好像一对亲密的朋友，彼此有着许多不能说的秘密。

清幽、典雅的咖啡厅里，舒缓的音乐，慢慢流淌，点点滴滴诉说着动人的故事。刚刚从法院出来的她，好像不知道自己将要去哪里。在淡淡音乐中，她推开了咖啡厅的门，慢慢地坐了下来。

她把咖啡倒入乳白色的小杯里，加进了一小包奶精，她不喜欢加糖，她喜欢纯色的原汁原味的，她用勺子在小杯里均匀地搅动着，动作缓慢优雅，她右手捏着杯把，左手托着杯碟，端起来喝了一小口，味道很苦涩。回想起自己和老公刚来到这座城市时，那时候还没有咖啡这样的小资情调。如今，他们在这个城市有了自己的一片自由天空，老公却恋上了别人，想起过去的悲喜哀愁，她不禁悲从心来。咖啡的余味在心里荡漾，她喜欢这味道，身体的疲倦仿佛去了很多，也轻松了许多。

有品位的女人，更爱咖啡的苦涩，那回味中的雅致，令人痴迷，更令人心醉。咖啡猜透女人的心事，那苦涩之后的余香正是要告诉女人，生活中除了苦的味道，还有更为醇香的味道。学会独自一个人品味咖啡苦涩的魅力，演绎专属女人的风景。

咖啡，它不同于茶的沁人心脾，也不同于酒的酣畅淋漓，其中的滋润只有喜欢怀旧的人才能读得懂。一个喜欢喝咖啡的女人，一定是内心丰富，感情细腻的人，她与人分享幸福与快乐，却一个人承受着失意与失落。一个喜欢喝咖啡的人，像深秋的梧桐，像冬季里飘洒的雪，在那一举一动之间，不经意流露出淡淡灵性，浓浓的韵味。

女人带着一半的满足，一半的寂寞，细细品尝着咖啡的苦涩，从那香浓的、郁悦的、甜醇的、酸涩的味道中，一点点品出了人生之味。咖啡，让女人变得高雅细腻，也让女人变得孤傲落寞。咖啡与女人有着最亲密的关系，所以又有“女人如咖啡”之说。有人曾这样说：二十岁的女人是一杯奶油冰咖啡，冰凉淡然，甜蜜而美味；三十岁的女人就像是一杯奈特，张扬却又内敛，纯香渐露；四十岁的女人就像一杯卡布基诺，浓郁的醇香，持久而悠远；五十岁的女人就像是一杯摩卡，苦涩与甜蜜交织着，别有一番滋味上心头；六十岁的女人应该是一杯蓝山黑咖啡，清澈无比，纯味自然；六十岁以后的女人是一杯炭烧咖啡，妩媚而魅惑，韵味悠长。

品红酒，专属女人的妩媚

红酒与女人有一个永远解不开的结，红酒之下没有酒徒，只有优雅妩媚的女人。在历代形成的传统观念里，酒沾染了太多的阳刚之气，唯独红酒例外，它为女人而生，更成了女性的代表。红酒是属于女人的，尤其是有品位的女人，它色泽艳丽，赏心悦目，幽香溢远。当女人遇上了红酒，便显得格外妩媚动人，那一团红晕，那一抹霞飞，那一份浪漫，无不叫人如痴如醉。红酒，它在诞生之初就裹着高贵、浪漫的外衣，它标志的其实是一种生活态度。摇曳的灯光四处迷离，雅致的水晶杯，红色的液体顺着杯沿缓缓流下，那点点滴滴，带着魅惑，那丝丝细语，带着几许暧昧，游荡在每一个寂静的夜。华灯初上，不知是红酒醉倒在女人的妩媚中，还是女人醉倒在红酒的浪漫中。

红酒也被称为“情人酒”，一个极具浪漫气息的别名。当红酒被女人把玩着，才会真正地绽放出属于自己的美丽。红酒是美丽的，它超越了尘世，跨越了时代，为的就是那一瞬间的相遇。而女人天生就懂红酒，在都市的酒吧里，随处可以看见端着精致高脚杯的女人，在那华丽的一刻，酒与女人同时美丽着。有人说，大凡不喝红酒的女人都是不解风情的女人，女人若是错过了与红酒的美丽邂逅，那只会使自己的生活丧失了情调。红酒是女人最亲密的情人，正如它的别名一样，给予了女人无限的宠爱与呵护，值得女人用一生的时间去细细品味。是女人成就了红酒，还是红酒成就了女人，我们永远读不懂，她们只是彼此绽放着，互相诱惑着，同时美丽着。

她是一个喜欢每天喝一杯红酒的女人，因为喜欢红酒沉淀的历史，她自己开了一个红酒雪茄吧。眼睛小小的她，笑起来的时候眼睛眯成了一条线，谈话时平和的微笑，让人轻易地接受她喜欢的红酒世界。

她坦言：是红酒改变了自己的心境，因为最早是教堂里的牧师、传道士开始酿造红酒，那种可以感受到的凝聚力以及和善让她可以有平和的心面对生活。同时，葡萄酿造的红酒，就如农作物的耕作，需要有辛勤的劳作才能收获优品质的红酒，这样也让她学会去珍惜。娓娓道来的红酒文化，让你不知不觉爱上这样一种淡然的感觉，品红酒是一种幸福。

她希望每个人在品红酒的时候，都能有足够的想象空间，想象出产这瓶曼妙红酒的葡萄酒庄的场景，想象从橡木桶里倒出的一瓶瓶红酒，缔造一个故事。

也有人说，红酒就是女人美丽的化身，那层次分明的新酒，犹如女孩子的娇艳容颜，灵气而秀美，有着清醇的香甜；颜色均匀的陈酒，犹如中年女人的成熟，韵味十足，醇厚幽香；棕色的陈年佳酿，犹如老年女人的眼眸，浓郁醇香，难以抵挡的诱惑。女人与红酒之间，是惺惺相惜，红酒改变了女人的心境，女人铸就了红酒无与伦比的美丽。

红酒就像是女人最后的眼泪，每一滴都在诉说着点点心事，女人喜欢红酒浪漫的味道，喜欢红酒透明的诱惑，更喜欢在红酒里沉醉自己，在红酒里浸泡着寂寞。灯光朦胧而暧昧，音乐轻柔而舒缓，当女人端起盛满红酒的高脚杯，朱唇轻启，浅浅啜饮，就是皎洁的月光，也失去了光芒。女人赋予红酒以生命，酒汁渗透女人的灵魂，最美丽的邂逅，华美绝伦的心灵碰撞。

白酒使人疯狂，啤酒使人舒畅，而红酒则使人浪漫。红酒那芬芳的颜色，高雅的色泽，总是令人充满了无限的遐思。当它流淌在透明的高脚杯中时，在光的映照下已经让人微醉了，或许带点妖冶，或许带点高雅，只要啜饮一小口，你就会为之倾倒。柔和、敏感、琥珀色的沉淀，红酒与女人的相遇也许是一种偶然，但与女人的相爱却是一种必然。一个懂得品味红酒滋味的女人是懂得品味生活的。她的优雅与高贵，韵味与魅力在握着酒杯的姿态中，在品味红酒的过程中展露无遗。女人本身就是酒，不饮自醉，举杯的女人其实就是举着自己，或小心翼翼，或驾轻就熟地勾兑着香醇。女人与红酒，到底谁绽放了谁？这永远是一个谜。

营造小情调，调制出五味人生

生活本是一张白纸，需要你自己拿着画笔，一笔一画地勾勒出美丽的风

景;生活本是一杯白开水,需要你自己往里面增添甜蜜、幸福、悲伤,调制出五味俱全的味道。生活本来是平平淡淡的,主要是看你怎么来经营它了。许多女人对生活充满了抱怨,总是觉得自己每天除了工作就是睡觉,已经丧失了最初的激情;有的女人总是为柴米油盐酱醋茶而担忧,日子过得拮据而无味,生活让她看不到任何希望。现实生活中的女子,她们忙着上班,忙着挣钱,忙着相夫教子。在忙碌的生活中,她们抱怨着,哭诉着,却不愿清醒着。其实,生活本身没有对与错,而是在于你的心态,你的生活方式。对于那些心态乐观,懂得享受生活的女人,每天都是充满阳光的。所以,女人要学会为自己忙碌的生活营造一些小情调,调剂生活,更充实自己,丰富心灵。

卢梭说:"女人最使我们留恋的,并不一定在于感官的享受,主要还在于生活在她们身边的某种情调。"生活中的小情调并不是什么昂贵的奢侈品,它就如同濛濛细雨,从天上屈尊到地上,滋养着忙坏了的女人,使她们每一个日子都是那么丰盈而充满意蕴。情调就是女人与生俱来的情致,是女人骨子里最温柔的情结,是她们通过自己的感官享受和体验生活的一种方式。平淡的生活充满了枯燥、倦怠的气息,压力让我们喘不过气来,其实,这时候需要我们给自己留一点时间,为乏味的生活营造一些小情调。生活越是忙碌,越是枯燥,越需要情调。情调在一定程度上为自己减轻压力,消减负荷,让我们烦闷的心情得到放松得到释放,让我们重新体会到生活的美好。

王姐是个精明能干的人,曾经在好几家大型公司当过副总,MBA 学位,美丽、漂亮、优雅!她之前有段短暂的婚姻,一年之后就因为性格不合而离婚了。离婚后,她把心思都投入到工作上去,日子虽然过得很忙碌,但是她的生活却很有情调。繁忙之余,她就喜欢逛花市,一逛就是一上午,每次回家,不是手捧一把鲜花,就是提一盆花。除此之外,她还经常去学习插花,在老师家里一待就是一下午。如今,她的插花技术日益提高,哪怕是一个很粗糙的瓶子,凭着她的心灵手巧,也会使美丽和诗情出现在眼前,或是放在案头,或是放在居室。她说,那时,她有美丽的心情。

对于每一个生活忙碌的女人来说,情调并不是什么奢侈品,也不需要我们花费多大的精力。当你周末无聊的时候,窝在最心爱的沙发里,翻着一本心怡的书，泡上一杯沁香的玫瑰花茶，这时候，生活的情调就会慢慢萦绕在你身边，牵动你内心最柔软的部分。生活需要情调，而情调也存在于生活的每一个角落，只是需要你去发掘它们，并弹奏出最优雅的调子。

女人，要学会雕刻自己，为自己的生活营造一些小情调。其实，生活不是缺少了情调，而是缺少了发现情调的那颗细微的心。说到底，情调就是一种生活的态度，一种平和的心态，一份闲情雅致，一份优雅情怀。它就如同生活的调味品，为你的生活增添别样的味道，使你的生活不至于单调乏味。在更多的时候，它只是一种愉悦的心情，那就是在微雨的天气，故意把雨伞收进包里，独自走在大街，感受细雨的朦胧，细雨的浪漫，那份怡然自得，也就是情调；在寂静的夜晚，迷人的灯光下，穿上最美丽的衣裳，浅浅啜饮，品尝红酒的魅惑；夏日的午后，独自倚着窗，凭栏眺望，佳人品佳茗。情调，其实就暗暗隐藏在我们生活的每一个角落，需要我们于细微处去发现，用心去体味。

家装风格融入了个性风格

每一个女性都渴望拥有一间温馨浪漫的香闺，而且许多女人还希望亲自参与到家装工程之中，以自己独特的审美趣味，打造出独一无二的闺房。其实，一个女人的家装风格，在一定程度上体现了其真性情。每个女人都有不同的审美标准，以及对家居风格的不同要求，有的女人喜欢欧式古典风格，有的女人喜欢现代风格，有的女人喜欢来自日本的和式风格，有的女人喜欢自然的田园风格。不同的风格体现出不一样的美丽，不一样的美丽展现出不一样的性情女子。

当然，不同性情的女人自有不同的家装风格，一间充分体现自我个性的房间，会使浪漫洋溢在你的闺房。有的女人天真烂漫，浑身充满着孩子气，因而也会把这样的情结带入家装风格之中，房间设计极具感性风格，色调明快活泼，窗帘和床褥采用活泼却不幼稚的图案，表现出生活的舒适与轻松；有的女人温婉娴静，房间设计柔和平静，淡淡暖色调，素净、清雅的落地窗帘加上同种花色的被套、枕头，让人倍感亲切；有的女人秀外慧中，房间设计体现高雅脱俗的风格，最淡的明朗色调，柳藤家具、几幅字画和木雕挂件点缀，体现出浓郁的书卷味；有的女人精明能干，房间设计突出冷峻中兼容温柔，色调冷色与中性加以辅助，一缸金鱼或绿色植物，展现白领丽人的生活情趣。形形色色的家装风格体现出女人不同的性情美。

夏俊娜是一位画家，所以她的家装风格里透露出隐隐的艺术气息。她的家居色调以黑白为主，并没有太多的家具，家里见到最多的图案就是方格，足以见得她比较偏爱方格，家具大都是方形的，整体显得非常朴素。作为一个画家，她用自己的画让这个黑白空间充满艺术气息，作为一个女主人，她用绿色植物让家更有活力。黑与白是经典的色彩，放在任何时候都不会过时，再加上有艺术气质的装饰品，家居氛围自然很高雅，这也正是一个女画家独特的审美。

不同的家装风格演绎女人的不同美丽，房子对于女人而言，是心灵的归属，是遮风挡雨的避难所，是温馨的港湾。不同性情的女人喜欢不同的家装风格，不同的风格体现出女人独特的美丽。不管女人属于哪种性情都是美丽的，不管房间的装修风格是哪种，只要是适合自己的也就是可爱的。

长相酷似李嘉欣的孔艺菲曾经是活跃于荧幕的电视演员，后来又转行做了拉丁舞教练，婚后不久便当上了准妈妈。80 后的她，亲自将白墙与水泥地的毛坯别墅变成了风格突出、装饰精美的地中海和乡村风格混搭的婚房。

蓝色拱门、白色家具造就了蓝白和谐相伴的地中海风格，为了化解蓝与白的冷漠，她在卧室选择咖啡色的布艺沙发以及温暖的紫色窗帘，增添暖融融的柔和气氛。客厅显得休闲自然，舒适的咖啡和土黄两色布艺沙发，流露出浓郁的乡村气息。紫色窗帘、大红床品让这个新家有了婚房的喜庆。双扇对开的百叶门、可移动的百叶帘，都用了清新的白色，衣帽间、嵌在墙壁中的书架都是干净整洁的白色，使房间变得清新明快。手工艺术是一大亮点，直接舍弃了奢华材料，而是采用手刷漆、镶贴出来的马赛克图案等，配以简单淳朴的家具，还有房间的铁艺灯具、手编花环等，让空间充满乡村气息。

作为活跃在时尚潮流中的她，自然对审美有着自己独到的见解。大刀阔斧的格局拆改、百里挑一的建筑材料、精益求精的家具设计，家中的每个细节与每个空间都是孔艺菲亲动亲为的成果。当然，家是给自己住的，适合自己需要的家装风格才是最好的。

一般来说，家装风格大致可以分为古典、现代、和式、自然等几种。欧式的古典风格追求华丽、高雅，典雅中透着高贵，深沉里显露豪华，具有很强的文化韵味和历史内涵；现代风格忠实于朴质的设计，现代的、功能性的且理性的个性构思，色彩以棕色系列或灰色系列等中间色为基调色，材料一般用玻璃、防火板、金属、现代复合材料等，用直线表现现代的功能美；和式风格多以树木本身具有的自然色彩为基调，自然素材有杉、竹、扁柏、日本纸等，具有庄重感，局部采用榻榻米、拉门、涂壁等进行室内装饰设计；自然田园风格具有愉快、舒适、轻松、富有朝气的室内装饰风格，色彩以象牙白、自然色调为基调，利用棉、麻、藤、木等天然材料，使居室显得富有青春朝气，简洁，明快。家庭装修风格的分类并不是绝对的，在实际装修过程中，往往需要把你的个性风格融合到里面，那才是真正属于你的装修风格。

艺术品位装点出花样生活

女人是美丽的化身，天性中敏感细腻的情感，使得她们天生就与艺术有缘。她们的生活从某种意义上说就是一种艺术生活。艺术既属于空间，也属于时间，它分别用线条与色彩、节奏与旋律来体现，而女人正是线条与色彩的化身，节奏与旋律的载体。所以，高尔基说："世界上一切优美的东西，都是因为女人而存在的。"有的女人虽相貌平平，浑身洋溢的艺术气息却让她成为了人群中的焦点，这就是艺术的魔力。女人，不要做外表光鲜却里面空空的花瓶，学会培养高雅的情趣爱好，经受艺术气息的熏陶，品味花样生活。那些懂得品味艺术的女人，无论是绘画、音乐，还是文学，都能娓娓道来，自有独特的见解。这样的女人，自然是别有一番风情在眉梢，隐约透出浓郁的艺术气息。

当然,女人并不是一定要做个艺术家,而是需要热爱艺术,并让艺术成为自己生活中的一部分。也许,有的女人认为艺术就是高高在上的,它是音乐、绘画、摄影、文学,那些不俗的领域是难以跨越的。但在我们生活中,艺术并不是高不可攀的阳春白雪,它可以是电影、书籍、歌曲,总出现在我们的身边。艺术修养是一个女人内在素养的重要体现,也是一个女人一生的财富。艺术的感觉与修养并不是与生俱来的,而是在艺术欣赏和才艺学习中逐渐培养出来的。只要你在平日的生活中多接触各种艺术形式,参加丰富的艺术活动,就可以有效地提高你的艺术修养。

郭倩如,法国高等社会科学院艺术品拍卖行政博士候选人,国际高等艺术管理学院艺术企业行政硕士。同时,她也是台湾罗芙奥股份有限公司总经理、睿芙奥艺术顾问公司总经理。至今为止,她是华人区唯一取得法国政府认证的鉴定拍卖官,主持过数十场国际级大型艺术拍卖活动,历创中国台湾每年单场拍卖的最高成交金额纪录。

也许,女人喜欢艺术的方式有很多种,但她却选择了艺术的鉴别与欣赏。她时尚雅致、深沉、温和而古典,嘴角永远向上,眼神自然流动,一颦一笑都荡漾着浓浓的女人味。这实在是一个优雅平和的女人,她喜欢文艺复兴时期的画,每去一次巴黎都花上一个晚上的时间泡在卢浮宫里,3 个小时只看达·芬奇、拉斐尔、米开朗基罗。同时,她以专家和名流的身份轻松出入全世界最顶尖的艺术和奢侈品场合,用不容置疑的口吻告诉任何一个艺术家和首富,这件艺术品的价值和财富增长的秘密。

艺术在郭倩如的身上展露得淋漓尽致,而对于一个女人来说,或许选择做与艺术相关的工作,是残忍的。这就意味着你把青春与美丽都献给了崇高的艺术,甚至穷其一生。但是,热爱艺术的女人并不这么想,为艺术献身是最光荣的事情,甚至直至自己生命的最后一刻,都还在为艺术而燃烧。

王小慧,旅德摄影艺术家、作家、教授。二十年前赴德国作为职业艺术家从事摄影、写作、展览及讲学活动。近年来活跃于欧洲和我国艺术界,先后在世界许多美术馆等机构举办过艺术展,作品屡次获国际奖项并为许多机构及私人收藏。在国内外许多著名出版社出版过共三十余本个人摄影集和书籍,2007 年德国政府为嘉奖她为德中文化交流作出的杰出贡献授予她“德中友谊奖”。

王小慧有着一双真正的如湖泊般的眼睛,深远又亲近的光芒,优雅从容的注视里蕴涵着淡淡的哀伤,它囊括了如海般的深情和传奇般的人生际遇。无论摄影还是写作,都流露出其艺术天赋。她的代表作《我的视觉日记》在 5 年间就再版 18 次,至今高居中国畅销书排行榜。虽然没有接受过专门的摄影训练,但从小的爱好使她厚积薄发,其作品被收入世界最权威艺术出版社 Prestel 编撰的 150 年大师摄影作品集中。无论写实还是抽象,无论人物还是花草,王小慧的摄影作品无不体现出制作人的独特视角和匠心。

艺术让她们的生活充满了格调,让她们的生命更加绚烂。生命短暂,艺术永恒,人生路漫漫,唯有艺术才是最美丽的花朵。正如王小慧所说:“其实我并不清楚将来会怎样,5 年、10 年以后会怎样。我觉得自己就像一棵大树一样,根越扎越深,枝也会越来越茂。我希望我的艺术和人生会像树一样,不断有新绿出现。”

当然,热爱艺术并不是附庸风雅,也不是拿来作秀的,而是基于内心对生命和生活那种极度的热爱,自然流露出的对艺术的浓厚兴趣,这样才能让自己的生活充满着艺术的气息。做一个热爱艺术的女人,让艺术成为自己生活中的一部分,慢慢品尝生活的美妙。

第十章

塑造自己，打造高品质的人脉圈

女人不仅要有自己独特的品位，还需要擅长交际，编织出高品位的人脉网。新时代女性要学会利用自己特有的魅力，广结人脉，成为事业家庭兼顾、坚强温柔并存的完美女人。在好莱坞，流行着这样一句话："一个人能否成功，不在于你知道什么，而是在于你认识谁。"足以见得，人脉是一个人通往财富、成功的门票。而对于一个经常出入于各种社交场合的女人来说，有意识地结交新朋友，拓展自己的交际圈子，为自己编织出高品位的人脉网，是非常有必要的。正所谓"近朱者赤，近墨者黑"，结交一些有品位的朋友，有助于提升自己的品位，同时也可以帮助自己在事业上取得成功。

友不在多，有质则灵

对于在社会上生存的人来说，每个人多多少少都有会自己的交际圈子，拥有几个不错的朋友。假如一个人完全没有朋友，那似乎是不可能的事情。朋友对于我们而言，它的分量与亲情和爱情一样弥足珍贵。我们都希望在快乐的时候，能有人与我们一起分享；忧伤的时候，能有人为我们分担。朋友就是在最关键的时候来到了我们身边，成为我们的知己的哪个人。每个女人都有一些闺蜜，能够一起畅聊心事，分担忧愁，共享快乐。有的女人认为朋友越多越好，有的女人却认为朋友不在多而在精。多年以前，我们还高唱着“朋友多了，路好走”，但现在的我们已经开始注重朋友的“质量”，而不是数量。“友不在多，有质则灵”，“质”是品位，多和一些有品位的人在一起，无形之中自然会提升自己的品位。假如你的朋友遍布整座城市，三教九流，什么样的朋友都有，却没有几个称得上是有品位、有质量的，那只能证明你的品位需要有所提高了。我们经常说，看一个人就看他身边的朋友，结交一些有品位的朋友，实际上也会彰显我们的品位。

有人曾把圈子里的朋友比喻为倒金字塔，在最下面一层的朋友，大概只有七八个，他们愿意为你付出很多东西，必要时对你倾囊相助，在你最困难的时候也会陪伴在你的身边；稍上面一层的朋友，可能有十个左右，这些朋友会一直记得你，偶尔也会发发短信询问你的近况，如果你需要帮忙，在他们能力范围之内，一定会不遗余力；最上一层的朋友，至少在20个左右，这些朋友你大多都能叫出他们的名字，知道他们的职业，并且手机里也有他们的号码，节日里也会互发短信祝贺，却只是“君子之交淡如水”。每一个女人的人脉圈似乎都是这样的一个倒金字塔，最下一层是我们最亲密的朋友，也是我们交际中最坚实的基础；稍上一层，是我们关系比较不错的朋友；最上面是与我们相交甚远的朋友，也许如果平时多交流，也会成为你的知己好友。一位社会学家研究过，每个人能映射的圈子，可能达到250个人，也许你的朋友梯队可能达到了250人，但能经常联系交流的，也就那七八个朋友而已。所以，当你在忙碌着结交新朋友的时候，千万不要忽视了最下一层的朋友，应时刻与他们保持联系，因为他们才是你最坚实的基础。

张大千不仅是一位杰出的画家，而且是一位精通鉴定、善于模仿的高手，他的仿古画甚至达到了以假乱真的程度。张学良自幼受到良好的教育，成年后喜好收藏书画。

有一天，张学良重金购得几幅石涛的山水画。欣喜之余，他兴致勃勃地请来名家鉴赏，没想到，专家一致认为这些画并非石涛真迹，其实大半是出自一个青年画家张大千之手的仿作。张学良为自己的“上当”而感到震惊，于是很想结识这位能把假画造得天衣无缝，令海内外大名鼎鼎的鉴赏专家难辨真伪的高手。

张大千也没想到临摹之作居然蒙过了张学良。正在这时，张大千接到了张学良派人送来的请柬，得知张学良请他赴宴。友人们提醒张大千，说这恐怕是“鸿门宴”，张学良有可能找他算石涛赝品画这笔账。不过，张大千还是赴宴了。宴会上，张学良对张大千颇有礼贤下士的谦恭之风，张大千逐渐消除了顾虑。张大千与张学良因赝品画而结识，张大千对张学良宽大的胸襟深为叹服，而张学良由此对张大千的画更加爱不释手。至此，两大奇才因画结缘，友谊持续了半个多世纪。

张大千与张学良两人都是极富传奇色彩的人物，身世、经历、禀赋、才能截然不同的文武奇才，原本毫不相干，但他们却偶然因画结缘，友谊持续了半个多世纪。实在是“惺惺相惜”之下，才促成了一生的友谊。

作为一个有品位的女人，应该拥有几个知己好友，他们与你在爱好、气质上应该是不相上下，甚至略胜一筹，这样你才会受他们的感染而提升自己的品位、内在气质；他们应该是位居你最下一层的朋友，能在你最困难的时候陪伴着你。朋友之间大多是因为“志同而道合”才会走到一起，成为彼此的知己，对于那些只会谈论流言飞语，注重吃喝玩乐的朋友应该敬而远之。朋友不在多，在于质量，一个女人如果交了不好的朋友，就像一个企业没有找到好的合作伙伴一样，对自己的未来是没有好处而只有坏处的。

女人的朋友类型，反映个人品位

有一句话，看一个人的品位就看他身边的朋友。因为物以类聚、人以群分，什么样的人就和什么样的人在一起。只有当彼此的价值观相近、喜好相似的时候，人们才容易走到一起成为朋友。一般而言，性情耿直的人就和投机取巧的人合不来，喜欢酒色财气的人也绝不会跟自律性强的人成为朋友，因此，我们可以通过她所结交的朋友，看出一个人的品位。朱熹曾说："近朱者赤，近墨者黑。"意思就是说我们与什么样的人在一起，时间久了，就会感染到对方身上的习惯、品行。人与人之间都是互相影响的，特别是经常相伴在一起的朋友，如果你的朋友拥有着绝佳的品位，那你在与他的相交过程中，也会在无形之间提升自己的品位。所以，要想做一位有品位的女人，就要有意识地结交一些有品位的朋友。

许多品位女人对于结识朋友，都有这样一句话，"相交不如我，不如不交"。意识就是结交朋友都是选择与自己不相上下，或者比自己还要优秀的人，而不是选择不如自己的人做朋友。俗话说："水往低处流，人往高处走。"每个人都希望通过自己有价值的人脉关系，慢慢走向成功之道。所以，对于朋友的选择是相当重要的，如果你结交了一些不如你的人作为朋友，那只会自贬身价。因为不同的人有不同的生活圈子，有不同的生活品位，相处久了，自然会受到对方的影响。作为一个女人，你需要不断地塑造自己，编织出高品位的人脉关系网。

徐静蕾毕业于北京电影学院表演系，现为女演员、导演，与章子怡、周迅、赵薇并称"四小花旦"，因其自导自演电影及博客点击率在中国大陆地区长期排名第一，有大陆影视圈才女之称。她于 2007 年开设网络电子杂志《开啦》，电影代表作《杜拉拉升职记》。因其书法手写体"清冽而又优雅"，独具个性美感，被开发出字库"方正静蕾简体"。但她的星路和同一时期的女明星非常不同,这一点从她所结交的朋友可以看出来。

徐静蕾在电影学院念书的时候,就结交了著名作家王朔,而在王朔的那个圈子里则有刘震云、梁左、冯小刚等知名大腕,这些大腕在文学圈或在娱乐圈都是处于主导地位的,是非常有思想的。然而,徐静蕾并没有凭着这个机会来进军娱乐圈,而是不断地提高自己,熏陶文学气息,再加上她天资聪慧,自然会博得大陆影视圈才女之称。后来徐静蕾开始自己做导演,在她第一部电影《我和爸爸》中,导演叶大鹰是主角,而知名制作人张亚东居然也在剧里客串了一把。她所结交的朋友都是导演、制作人,有方兴东、老潘这种专业领域的出类拔萃的,更有韩寒这种“少年作家”。

徐静蕾的成功之路,告诉我们结交什么样的人,就决定了你能走多远。很大程度上,你结交什么样的朋友,就可以看出你的品位。假设你与艺术家成为朋友,那么你在无形之中会接受到艺术熏陶;你若是与打扮穿着都很有品位的优雅女性关系亲密,那么你会在她不知不觉的影响下提升自己的穿衣品位。而如果你与一位整天只会背后说人是非、喜欢抽烟酗酒的女性成为朋友,那么你的言论、习惯也会受她的影响。当然,这并不是绝对的,有的女人也会结交各种圈子的朋友,汲取各方“营养”。

作为一个女人,你要善于选择朋友,通过朋友的高品位来提升自己,塑造自己,不断地充实自己。人生就是一直通往远方的漫漫征途,只有你不断地向前迈进,才能采摘成功的果实。对于女人来说,拥有最高档的时装不如有一个高品位的朋友,花大把大把的时间窝在家里看肥皂剧,不如出门结交几个有品位的朋友。如果你拥有几个有品位的朋友,那将是一生用不完的财富。良好的人脉关系可以帮助你在事业上有所发展,在交际中应付自如;而良好的人际关系又是高品位人脉积聚而成的。所以,要想编织出高品位的人脉网,就先从结实有品位的朋友开始吧。

让圈子与位子形成良性循环

每个人的人生都有一定的基调，这样才能找准人生发展的坐标。我们只有在一个自己经营的圈子里找到了合适自己的位子，才能为自己施展或发挥才能插上翅膀。在现实生活中，几乎每一个人都置身于一定圈子中，或是朋友的圈子，或是交际的圈子，或是职场里的圈子，我们不可能脱离圈子而独立存在。没有哪一个人是独立存在的，为了生存就必须融入社会中去，并建立起属于自己的圈子。正是有了这大大小小、形形色色的圈子，才交织成纷繁复杂的社会交际这张大网，使整个世界显得缤纷多姿。当然，每个人所处的圈子不同，有的人圈子多，有的人圈子少；有的人圈子大，有的人圈子小。拥有不同的圈子将会有不同的人生，有的时候，你会因为圈子里某位朋友为你牵线搭桥而谋取了一个不错的职位。所以，在一定程度上，圈子与位子之间是互相影响的，彼此形成了一种良性循环。所以，作为一个有品位的女人，你要善于建立自己的圈子，更要学会通过圈子来寻找自己的位子。

在社会交际中，圈子是一种构建人脉的载体，更是推进人生发展的重要平台。每个人置身于圈子里，就会莫名得到一种归属感和安全感。同时，圈子的存在更是基于每个人生存和发展的心理需要。假设你拥有良好的圈子，就可以在社会上良好地立足，取得不断提升自我的机会。也许，你还可以凭着自己在圈子里的影响，能够做一些别人难以做成的事情，解决一些别人不能解决的问题。你拥有什么样的圈子，就会影响着你拥有什么样的人生。即便是同一厂家生产出来的杯子，有的会成为西餐厅里的高级餐具，而有的则只会成为喝水的普通杯子。决定你人生的关键在于你处于一个什么样的位子，而你的位子将是由你的圈子所决定的。如果你成了上流社会圈子的一员，那自然就会比普通人多了成功的机会；如果你是处于资质平平的朋友圈子，那你只能平平庸庸过一辈子。

阎焱，软银亚洲信息基础投资基金 CEO，他于 1982 年毕业于南京航空学院飞机系，1986 年获北京大学社会及经济学硕士学位，1987 年于美国普林斯顿大学研读国际政治经济学博士学位，1996 年于 Wharton School 研读 EMBA 学位。

作为软银赛富基金首席合伙人，他之所以能赴美留学，就是因为他就读北大研究生时遇到一个外籍老师——来自美国普林斯顿大学的访问学者 Roger Michiner。Roger Michiner 很欣赏阎焱，两人经常一起聊天，有一次他主动说："你应该去美国读书，我可以帮你写推荐信。"

不久之后，阎焱通过托福考试，取得了美国普林斯顿大学的录取通知书和四年全额奖学金后，Roger Michiner 又在生活上给予了阎焱帮助。1986 年 8 月，阎焱回忆说："我到美国的第一天晚上，就住在 Michiner 教授家里，他的家也在普林斯顿。Michiner 教授待我非常好，在普林斯顿，他仍然是我的专业教授。我毕业多年以后，他也离开了普林斯顿大学。我们的友谊一直到现在。"

西班牙著名作家塞万提斯就曾这么说："重要的不在于你是谁生的，而在于你跟谁交朋友。"有时候，或许你与他人所拥有的能力都是相当的，但他却能在仕途上平步青云，而你只能窝在小公司做个普通职员，那就是因为你们所处的圈子不同。

每个人都有自己的圈子，只是自己所处的圈子是否有潜力，是否拥有高品位的人脉关系，那才是足以影响你一生的财富。姜子牙在乡下的时候，只是一个以耕田渔猎为生的老翁，可一旦被周文王赏识了，就成了历史有名的政治家、军事家；张飞不过也是一介莽夫，但与刘、关两人桃花三结义后，便成为了三国演义中出名的武将；洪秀全也只是个科举不中的穷书生，却通过"拜上帝会"这个圈子结交了众多义士，建立了太平天国，动摇了清政府的根基。他们的命运为什么会发生如此之大变化，那就是因为进对了圈子，找到了自己的位子，才会使自己的能力得以施展，也实现了自己的人生价值。

圈子与位子之间是需要良性循环的，当你进了一个良好的圈子，自然会取得一个好位子。在我们日常生活中，经常听到有人哭诉：有着优秀的能力、高文凭，可就是在单位内部没有人，所以只能做一个普通的职员；有了资金想创业，却没有人为你牵线搭桥，一点门路都没有。要想超越自己，就要有意识地扩大你的圈子，积累你的人脉资源，拓展你的交际范围，这样你才会在复杂的人际交往中如鱼得水、应对自如。

挖掘高品位人背后的人脉

许多人都有这样的经验，本来你与A小姐很熟悉，成了至交好友，慢慢地，她会把她的朋友介绍给你认识，而你也会把自己的闺蜜介绍给对方。于是，无形之中你又多了一个朋友圈子。这样的情况，每天都在不同的交际场合上演着。其实，你结实了一个新朋友，实际上是融入了另外一个截然不同的圈子。一般而言，通过熟悉的朋友来拓展自己的交际圈子，这无疑是最好的积累人脉资源的办法，因为有朋友之间足够的信任，你能很快地融入到新的圈子里。所以，聪明的女人需要把握住机会，善于挖掘高品位人后的人脉，并与之建立融洽的人际关系，拓展自己的交际范围。

张颖，美国中经合集团董事总经理、中国区首席代表，他就是因为善于拓展人脉圈子而最终获得了成功。

1996年，张颖从旧金山大学毕业，进入斯坦福医学院旧金山医学中心工作，他在工作中很注意结交朋友，同一实验小组的同事Rey Banatao就和张颖成为了很好的朋友。张颖因此常到Rey家玩，也由此认识了Rey的父亲Dado Banatao——一个菲律宾裔的亿万身家的美国投资家。

后来，张颖前去美国中经合集团应聘投资经理，恰好中经合的创始人刘宇环跟Dado Banatao是“多年的老朋友，认识十几年了”。于是，双方在面试中谈起了各自与Dado Banatao的交情，也由此产生了熟悉和信任感，并在这一共同话题的导引下谈得十分投机。在2001年2月，张颖也就地顺利加入了中经合集团成为投资经理。

张颖本来只是同事 Rey Banatao 的朋友，后来又认识了同事的爸爸，一个菲律宾裔的亿万身家的美国投资家。这样一个享有盛誉的头衔，背后肯定有着丰富的人脉资源。张颖后来去美国中经合集团应聘投资经理，而中经合的创始人刘宇环跟 Dado Banatao 是多年的老朋友，这样一来，张颖已经使自己的面试成功了一半，之后成为了投资经理。

那些经常荣登福布斯排行榜的富豪，并不都是因为他们具有非比寻常的能力，而是在于他们善于建立大规模的人际关系网，善于挖掘有价值的人脉关系。正是那些有潜在能力的关系网，才铸就了他们的成功。因此，作为一个新时代的女性，你要学会结交一些有品位的朋友，更要善于挖掘高品位人后的人脉资源，编织出属于自己的人脉关系网。

精心培育，女人人脉投资需放长线

每个人都希望拥有有价值的人脉资源，使自己在人际交往中寻找到合适的位子，使自己在事业中寻找到一份天地。殊不知，人脉也是需要投资的，特别需要长期的投资才会取得优厚的回报。做人做事都不可急功近利，对于人脉投资也是一样的道理。在我们身边，那些四通八达的人脉关系网更需要来自你的爱心的浇灌，精心的梳理，细心的呵护，耐心的期待。最佳的办法就是把人脉投资纳入自己长期的职业、事业规划之中，并逐步养成经营人脉的习惯。你可以把自己所拥有的不同层次的人脉资源进行分类，然后进行长期的投资，或是定时的拜访、联系、聚会，或是在节假日以及对方特殊的日子里，进行亲切的问候，发信息祝福，或寄上一份精致的礼物。

其实，经营人脉也就是结识朋友，最重要的就是用心，千万不要抱着急于求成的期待，这样只会适得其反。人脉投资，很大程度上与养花有异曲同工之妙，都需要慢慢地浇水灌溉，细心呵护，耐心照顾，等到花季来了，自然有机会开花结果。所以，女性朋友在进行人脉投资的时候，不必太过着急，“心急吃不了热豆腐”，只要付出你的真心，耐心地等待，自然会有一定的收获。人脉投资其实就是为自己办张“存折卡”，定期或不定期地向里面储存资源，使自己在人生的路途中拥有享不尽的人脉财富。

王小姐是一家小型广告公司的总经理，几年之前她认识了一位广告界的前辈。第一次见面，王小姐怀着无比崇敬的心情走到他身边，进行自我介绍，结果那位前辈从头到尾连正眼都没有瞧她一眼，听完了王小姐的自我介绍之后，只问了一句“你是什么学校毕业的”，之后才开始认真与她交换意见。虽然，前辈的态度相当傲慢，但王小姐还是要了他的名片，并在逢年过节的时候去登门拜访。

后来，因为王小姐的公司与他有业务上的往来，彼此才建立了一些交情。但那位前辈还是相当冷淡，洽谈中除了谈论业务不会涉及别的，但王小姐还是一如既往地拜访、打电话问候。没有过多久，那位前辈所在的公司因为资金亏损，精简员工，那位前辈也不幸在列。但王小姐还是视他为一位可敬的长辈，每隔三个月就专程登门拜访，并询问一些广告策划的事宜。

后来，那位前辈感于王小姐那份真诚的情谊，也敞开了心扉，对于一些业内的知识知无不言，使王小姐收获很大。慢慢地，他们成为了无话不谈的好朋友，成了忘年之交。

当我们在投资人脉的时候，不能太具功利性，看见别人成功就一味讨好，而看见别人失意就对其不理不睬。带着极强的功利性进行人脉投资，这是交际中的一大忌，除非你不想拥有长期稳定的人脉关系网。其实，对于每一个人来说，在自己不得意的时候才是最需要朋友的，所以，尽可能地对那些得意的朋友维持基本的问候，而对于一些失意的朋友则应多给予一些关心。

马云在读大学的时候，是院学生会主席和杭州市学生联合会的主席，结识了许多朋友。他能够在杭州比较顺利地发展，与学生时代积累起的人际关系密不可分。后来，马云创建阿里巴巴，启动资金就来自于他的亲戚、学生、朋友，以及几个曾经跟他从杭州到北京，再从北京回杭州的老部下。

美国人际关系大师卡耐基说："一个人的成功，专业知识的作用占15%，而其余的85%则取决于人际关系。"你只有处理好了人际关系，才会拥有丰厚的人脉资源。如何处理好自己的人际关系？这需要你进行长期的投资，细心地呵护、经营并维护好自己的人脉圈子，你就会离成功越来越近。

实际上，人脉的定义并不是跟某人吃过一顿饭或是交换名片就表示跟对方很熟悉，而是当你处于困难之际的时候，他愿意出手相助；当你需要被肯定的时候，他愿意为你美言几句。所以，良好的人脉关系是需要精心呵护的，是需要进行长期投资的，这样你才会获得丰厚的回报。做一个聪明女人，从现在开始就把你的人脉投资纳入到自己长期的职业、事业规划之中，为自己编织出稳固、长期的人脉资源关系网，不断地积累自己的人脉存折，使之变成你人生中一笔可观的财富。

结识朋友，女人有些场所不可不去

作为一个女人，要想拥有丰富的人脉资源，建立属于自己的人脉关系网，就要学会不断地积累人脉资源，不断地向自己的人脉存折定期或不定期地储蓄。也许，有的女人会疑惑，丰富的人脉资源都是从哪里来的，而自己总是深居家里，根本没有机会结识新朋友。其实，人脉资源的积累除了凭着朋友之间的介绍，还需要自己主动去积累一些人脉关系。这需要你走出家门，出入一些高级场所，结识一些成功人士，拓展自己交际的圈子，这样你才能不断地积累人脉财富。

白天，她是一名服装设计师，长时间伏案工作进行着复杂的脑力劳动；晚上，她将头发挽成高高的发髻，穿着白色衬衣、黑短裙、黑色皮凉鞋，一副职业助教装扮，出没于各个高档桌球场所。这就是肖兰的生活。

肖兰大学毕业一年多了，在学校的时候，她练过斯诺克、九球、花式台球等，因为球技不错，被一位球房老板邀请做兼职陪练，常有顾客来到球房点名找肖兰切磋球技。工作之后的她，并没有放弃这一兼职，除了对这项运动的喜欢，更主要的是为了拓展自己的社交圈子。在大学的时候，她就因为练桌球认识了不少桌球教练、学员，有人成了朋友，还有人主动为她介绍工作。工作后，每天埋头于设计图纸，生活单调的她更是将之视为一项拓展人脉资源的手段。她坦言：每天接触形形色色的人，这些人很可能成为未来的事业合作伙伴。

在日常生活中，总是听到很多人在抱怨：自己也想拥有一些有价值的人脉资源，却苦于没有机会认识那些有品位的人。其实，机会都是需要自己创造的，经常出入以下一些场所，认识一些有品位的人，这就是自己去寻找的机会。

1.写字楼

如果你是一位职场丽人，那么写字楼对你而言肯定是不陌生的。一般而言，在一栋大型的写字楼里常常驻扎着不同的部门，甚至不同的公司。除了与你同一个部门的同事，你是否与其他部门的同事建立了良好的人际关系呢？如果你的答案是否定的，那么就从现在开始吧，或是在公司聚会上，或是在工作休息之余，或是在公司的食堂，都不要放过结识新朋友的机会。一个公司每个部门之间都是相互协作的，有可能他会成为你下一项工作任务的合作伙伴，或者你对他所从事的工作感兴趣，这些都会对你的职业生涯有良好的帮助。

2.高级会所

高级会所是成功人士经常出入的场所，那似乎成了他们的标志之一。不管是高尔夫会所，还是综合的健身场所，都会有很多有品位的人。当然，你在出入这样一些高级会所时，需要以自己的实力而来，有着良好的修养、充裕的资金，千万不能“三句话不投机”，或者装腔作势，这样反而会弄巧成拙。

3.酒吧、咖啡馆

现代社会，许多城市白领都会出入于一些情调酒吧、咖啡馆，一方面放松心情，一方面也可以结识一些新朋友。酒吧与咖啡馆早在诞生之初，就担负起社交的功能。所以，你不妨在周末休息之余，优雅地坐在吧台，点一杯红酒，慢慢啜饮，结识一些有品位的朋友，从而拓展自己的交际圈子；或是捧着一本心仪的书，静静地坐在咖啡馆的角落，以待邂逅一些品位朋友。

4.名校

也许，你的学历已经令你不需要去学校进行学习了，但正所谓活到老学到老，爱好学习的人永远不会太差的。充电拿证书，或者纯粹是兴趣爱好，或者是去高校旁听著名教授的讲课，或者去图书馆看看书，或者参加一些学校的活动。一般在周末的时候，北大、清华校园里都会发现很多看上去不像学生的人在里面穿梭游走，其中就有一部分是花钱从全国各地来进修的成年人。对于他们来说，学一些知识是一方面的原因，但更重要的是为了结交朋友。

现在，许多企业、公司的继承人越来越热衷于参加“企业家班”、“金融家班”、“MBA 班”，其实都是为了寻找自己的合作伙伴，他们甚至认为交朋友比学知识更加重要。由此可见，越来越多的人认识到了“人脉”的重要性。拥有一个良好的人际关系网，你就能拓展未来的前景和前途。

挖掘贵人，有价值的活动不容错过

在日常的社会交际中，总是有许多层出不穷的活动，比如慈善晚会、新品发布会、某某周年庆、画廊酒会等商务聚会，还有很多鸡尾酒会、圣诞宴会等。其实，这并不是因为人们热衷举办这样形形色色的宴会活动，而是基于人们正常社交的心理需求。试想，在一个大型的社交活动中，有多少有品位的人，有多少功成名就的知名人士，而你作为社交活动的一员，自然有机会一睹他们的容颜，更有机会与他们建立良好的人际关系，扩充自己的人脉资源。所以，女人要学会塑造自己，对于那些有价值的社交活动千万不要错过。每天与那些形形色色的人打交道，有可能其中某些人就是你未来的事业合作伙伴，或许还会成为你人生道路上的贵人。

朱艳艳是上海视点公关公司的总经理，她所建立的人脉网络极其丰富，除了拥有众多的媒体朋友，还有世界500强的公司，如联合利华、三菱电机、通用磨坊都是她的客户，她是怎么做到的呢？

朱艳艳在23岁的时候，已经是兰生大酒店的公关部经理了，当时她对自己每天所扮演的角色也显得有些懵懂。她几乎每天都是在忙碌中度过的：她需要把中国文化介绍给外国客人，在圣诞节的时候举办餐会，举办各种新闻发布会，工作的跨度比较大。从举办各类宴会到媒体联络，几年的历练使她建立了一张无所不包的关系网。她拥有了一帮记者、编辑朋友，还有主持人、明星以及政府部门上上下下的工作人员，这无疑就成为了她人生中的第一桶“金”，那就是人脉这一无形资产。

1997年底，惠而浦与上海一家公关公司的合约即将到期，她的一位在惠而浦工作的朋友引见了她，最终令她获得了这家公司的公关代理权；凭着2001年一手策划的“奥妙新妈妈大赛”，她成为首位获得国际“金鹅毛笔奖”的中国公关人。

朱艳艳的经历告诉我们，参加一些有价值的社交活动，可以为自己积累庞大的人脉资源网络。这些积累下来的人脉资源，就如同一张人脉存折，会成为你事业成功的基石，也会成为你人生中一笔不可多得的财富。

曾毓芬专门从事高阶人力中介，后来担任昱藤数字人力资源公司总经理，可在此4年前，她也只是一位普通的职员而已。当时，她为了拓展自己的人脉关系网，参加了人力资源协会。

那时候，她只担任会员服务组一个毫不起眼的组员，但她把握住了每一个认识别人的机会，逐渐地，她的知名度打开了，晋身为主委，人脉竞争力也跟着提升，业务自然也跟着蓬勃发展。

如果你觉得自己所置身的圈子太过于狭窄，那么开拓人脉圈子的最佳途径就是打破狭小圈子的限制，走向更大的人脉圈子，而参加一些有价值的社交活动则是有效的途径之一。参加一些有价值的社交活动，可以增加自己露面的机会，所以你应尽可能地多参加一些宴会、社团活动，即便是公司内部部门之间的社交活动，也是把自己推销出去的一个渠道，也是结识公司其他部门同事的一个机会。

第十一章

提升自己，女人要有高品位的价值观

作为新时代的女性，你必须提升自己，树立高品位的价值观。一个没有价值评判能力的女人，其性格和人格都是有所欠缺的，她最终不能获取属于自己的幸福。品位女人需要拥有完整独立的人格，它需要高素质的心态和全新的价值观。学会重新审视自己的幸福，不要给幸福附上虚伪的外衣；懂得雅与俗的临界点，做一个高雅的女人；学会做金钱的主人，不做拜金女；树立良好的消费观，才能打下坚实的经济基础；树立高品位的价值观，而且不要经常动摇自己的价值观；女人不要做男人的附属品，要为自己活得精彩。

幸福就在身边，定义各不相同

女人总是在纠结一个终极的问题，那就是幸福到底是什么。每个女人都对幸福有不一样的理解，有的女人认为幸福就是嫁个好老公过着衣食无忧的生活，有的女人认为幸福就是有一份自己的事业每天奔波忙碌着，有的女人认为幸福就是努力挣钱把所有漂亮的时装都带回家。也许，还有更多关于幸福的定义，但这些都只是幸福的具体感官，其实幸福只是一种感觉，它可以很复杂，也可以很简单，主要在于你对它的定义。幸福就像空气一样弥漫在我们生活的点点滴滴、琐琐碎碎之中，充斥着每一个角落，融入身体的每个毛孔，渗透在灵魂的最深处。漫漫人生路途，每个人都为了追寻幸福而来，或是从容不迫，或是撞得头破血流，或是悠然漫步，或是举步维艰，却怀着同样的心情，那是一种对幸福的向往。

曾经，西方媒体面向社会征集“谁是世界上最幸福的人”这个题目的答案。报社组织了权威的评审团，在纷纭的答案中进行遴选和投票，最后得出了三个答案，但由于对幸福的不同定义，意见无法统一，还保留了一个备选答案，当时得出答案的大致顺序是这样的：第一种最幸福的人，是刚刚给孩子洗完澡，怀抱婴儿面带微笑的母亲；第二种最幸福的人，是给病人成功做完手术，目送病人出院的医生；第三种最幸福的人，是在海滩上筑起了一座沙堡，望着自己劳动成果的顽童。备选的答案是：写完了小说最后一个字，画上了句号的作家。当你看到了这样的结果，是否有一种深入骨髓的悲哀——原来自己是个幸福盲。其实，幸福就是这么简单的事情，既没有豪华的别墅，也没有高级的轿车，它只是从最平凡的事情中诞生出来的感觉。

幸福本身只是一种心态，一种平和的心态。无论生活给予了我们什么，都不要抱怨，改变你所能改变的，接受那些不能改变的，这样幸福就会无时无刻不在你身边。

许多女人认为幸福跟金钱、权势有关，其实这样的理解是错误的，虽然丰富的物质在一定程度上让你感受到了欢愉，但实际上那种快感只是一种欲望的满足感，真正的幸福是不需要任何附加品的，它就是最真实的感觉。对女人而言，有一份自己喜欢的工作是幸福的，有一个爱自己的人是幸福的，有健康的身体是幸福的，有一顿不错的晚餐是幸福的，有几个知心的朋友是幸福的。也许，不同的女人眼中的幸福各不相同，但那种幸福的感觉都是一样的，发自内心的愉悦，灵魂的歌唱，心灵的悦动。

幸福就如同一杯白开水，表面清清淡淡，却是你的生命之源；幸福就如同一杯淡淡的清茶，表面简简单单，却是你饥渴的生命之滴。幸福其实就在我们身边，它就隐藏在我们触手可及的地方，只要你懂得去感受幸福体会幸福，就会感受到它的存在。幸福就在我们手中，它需要我们去创造；幸福就在我们心中，它需要我们去感受；幸福就在我们眼中，它需要我们去发现。你须记住：幸福不是那种惊天动地、可遇不可求、隆重而稀少的状态，幸福是朴素的，是如果你时时提醒，就能时时降临的“美好”。

关于“雅”与“俗”的楚河汉界

有人认为：“女人如花似淡雅，世人庸俗分俗雅。俗雅本是连体婴，看你怎样去衡量。”是的，在这个世界上每一个女人都是一朵颜色或浓或淡的花朵，散发那独一无二的香味儿，彰显着自己的人生价值。一个女人的美丽是由她的容貌、身体、气质等决定的，但拥有这种美的人，总是不断地行动、思考、说话，她们的言行举止中显示出一种行为风范，或有时俗，或有时雅。所以，这样看来，女人的俗和雅主要是依据她们的内在气质、行为举止、价值取向、情感情趣等来鉴别的。女人的美丽并没有雅俗之分，但女人所树立起来的价值观却是有雅俗之分的。有的女人崇尚金钱与权势，甘愿做男人的附属品；而有的女人却渴望最简单的幸福，有着完整独立的人格。作为一个女人，你要分清“雅”与“俗”的楚河汉界，树立高品位的价值观，做一个人格独立的女人。

我们经常所说的“俗”，体现在女人的价值观上，就是缺乏情趣、唯利是图、没有长远的眼光、没有同情心等，若是一个俗不可耐的美女，那只能是“金玉其外，败絮其中”。在现代社会，这样的女性大有人在，她们天天追求着最华丽的服饰、最昂贵的化妆品、最舒适的生活，出入高级场所，这对于她们而言就是所渴望的生活。而“雅”女子则不同，她高雅、有内涵、有眼光、有丰富的情趣、怜悯弱小等，她们只追求最简单的生活，驰骋于职场，为自己打下一片天地，有高雅的情趣生活，热爱生活，享受生活。所以，那些美而俗的女人，只是美了一半，体现不出美感；而美而雅的女人，才高度体现了美，享受了美。

阿雅和美亚是大学同学，大学毕业后，阿雅就决定出国了，在国外一所大学攻读了英国文学硕士。后来在学校和导师的影响下，她成为了一个女性主义者，成为了一个专业的博士。虽然已经年近40了，她却还没有结婚的打算，整天忙碌着工作、学术，几乎没有时间来考虑其他的。无论是她写的文章还是言谈，总是少不了对人性、对女性、对生活的思考与感悟，从来不会去关注时装、宴会、时尚。也许，在旁人眼里，她的生活是不完美的，但她却丝毫没有察觉自己的生活不完美，她总是很忙，不是有意去填补没有家庭所留下的空虚，而是她没有时间。

美亚长得很俊俏，大学毕业后就嫁人了，据说是嫁给了一位腰缠万贯的商人。结婚后的她衣食无忧，过着全职太太的生活。她整天的生活就是关注时装、时尚，既不管丈夫的生意，也不顾孩子的学习，有时候甚至通宵与几个朋友一起打麻将，和朋友在一起她学会了抽烟喝酒。虽然，她看起来很漂亮，却常常浓妆艳抹，身着夸张的服饰，看起来完全失去了美丽的模样。

雅女人如酒，历久弥香；俗女人如花，时过即凋。阿雅整天忙碌着，谈论着人性、女性，虽然在旁人看来，这样的生活显得有点枯燥，但是她乐在其中，不理会旁人的说法；美亚虽然长得很漂亮，却崇尚物质生活，即便是在结婚后，也没有把心思放在家庭上，反而极尽地追求自己的安乐生活，也许这就是雅与俗的区别吧。

雅女人热爱生活，独立自主，无论是说话还是做事都会有自己的想法，并且会一直坚定地走下去，不理会他人的看法；俗女人挥霍生活，凡事喜欢依靠他人，做什么事情都会征询他人的意见，唯唯诺诺，犹豫不定。雅女人敢于对他人说“不”，而俗女子则在任何时候都是听从别人的。

陈美，英籍著名歌手，小提琴演奏家，表演极富爆发力。她出生于新加坡，4岁移居伦敦。她5岁接触小提琴，迅速显现出非同寻常的音乐天赋。之后在北京及伦敦皇家音乐学院进行了系统的学习，并在10岁时与伦敦爱乐乐团合作完成了她的处女秀。

从10岁至14岁，她在名家杰作的现场演奏及贝多芬、莫扎特、柴可夫斯基等人协奏曲的录音作品方面非凡的出色表现震撼着众多听众。后来，她发现自己演奏的都是一些传统经典的曲目，正规的指法，优雅的坐姿，但是无法给听众带来一种全新的感受，于是她开始尝试古典与现代相结合的表演方式。古典与现代结合的小提琴独奏，既让人耳目一新，又有自己的独特风格，结果一炮而红。

陈美并没有拘泥于传统的小提琴演奏，而是大胆地尝试古典与现代相结合的表演方式，最终为自己的艺术生涯赢来一个高峰。不得不说她是一个雅致的女子，当所有人都在用小提琴演奏传统经典曲目，她却有着自己的想法，并付诸实践，独辟蹊径，获得了成功。

做金钱的主人，不做拜金女

《茶花女》中有一句名言：“金钱是好仆人、坏主人。”是做金钱的主人，还是做金钱的奴隶，这反映了两种不同的金钱观。金钱观是对金钱的根本看法和态度，是和人生观紧密相连的。不同的金钱观，决定了你与金钱之间的关系：如果你贪慕虚荣，崇尚荣华富贵的生活，那么你就是金钱的奴隶；如果你觉得生活除了物质享受以外，还需要精神上的愉悦，那么你就是金钱的主人。作为一个女人，你应该树立正确的金钱观，不做拜金女，学会做金钱的主人。虽然,钱可以买到很多东西,可以建立一个在物质上比较富裕的家庭,还能让我们过上较为舒适的物质生活,但是我们生活的幸福绝不是被物质填充起来的,而大多是来自于精神上的愉悦。透过金钱的魔力,揭开它那神秘的面纱,你就会发现那不过是一种商品。我们对金钱要有一种正确的认识,既不能把它当作“阿堵物”,连碰都不碰,也不能为它而疯狂,甚至用一些卑劣的手段去获取它,而是需要“取之有道,用之有度”。

靳羽西,学者、记者、电视主持人、人道主义者、企业家和社会活动家。美国《福布斯》杂志对靳羽西的评价是:“她用一支又一支的口红改变了中国人的形象。”她在 1999 年 4 月荣获“世界杰出女企业家”称号,曾出资赞助第四届世界妇女大会,并多次出资捐助中国灾区,非常关心公益事业,屡次获得“杰出妇女奖”、“杰出人才奖”等各项国际性奖。这样的女人却并不认为获得荣誉与金钱就是人生的成功,靳羽西眼中成功的人生是受尊重,事业成功,健康和爱。

在大多数人眼里,她是一个名利双收的人,有人曾问她“你的身价是多少”,她却坦言:“身价无价,这不能用金钱来衡量,我并不看重财富,财富不能代表你就是一个高尚的人、有品位的人。我做事情首先看它有没有意义。我原先做的很多电视节目都是中国政府邀请我做的,不赚钱,甚至亏本,但我喜欢做,值得做。我现在开发的‘羽西娃娃’卖得很好,但我坚持把销售收入的 15%捐献给联合国儿童基金组织。”

那些有着正确金钱观的女人,她们比较淡漠金钱,在她们的思想里有着比金钱更为重要的、更宝贵的东西,正如靳羽西所认为的那样,“成功的人生是受尊重,事业成功,健康和爱”。

在现代社会,“拜金女”成为大家聚焦的热点话题之一,她们是一群盲目崇拜金钱、把金钱价值看做最高价值、一切价值都要服从于金钱价值的思想观念和行为的女人。她们通常持有金钱至上的思想道德观念,认为金钱不仅万能,而且是衡量一切行为的标准。无论做事还是待人,她们全部都是以金钱为目标的。这样的女人只会沦落为金钱的奴隶,最终不会获得真正的幸福。

她和男友大学谈了四年的恋爱,却在临近毕业之际分手了。她提出了分手，理由就是“我不想和你回到那个小镇上去，我喜欢都市的繁荣，我是属于这里的”，男友在心痛之余还是尊重了她的决定。

大学毕业后，她与一位中年商人认识了，并很快结婚了。商人已经年近40了，离过两次婚，他贪图她的青春与美丽，而她只想过奢华的生活，她觉得这样的交易很公平。她终于过上了她想要的生活，从衣服到化妆品，她用的没有一样不是名牌，一双鞋一件衣服常常成千上万元，挥霍金钱成了她的乐趣。她的丈夫常常早出晚归，有时甚至彻夜不回，他的解释永远都是忙。有一天，她在商场看见丈夫与一位年轻女子相当亲热，她很生气，晚上回到家，她质问丈夫却被一把推开并恹恹地说：“你安心做你的太太就行了，别的事最好少管。你当初同我结婚还不是看上我的钱，想过富足的生活。”说完他摔门而去，许多天都没有回来。

原来，她在丈夫眼里不过是个寄生虫而已，回忆起过往种种，她只有苦笑。

也许，有的女人会把金钱看作一种幸福，这样的金钱观是极其错误的。一个人即便富可敌国，但他的精神世界若是空虚的，或者是不自由的，那么他就绝对不会幸福，甚至会感到很痛苦。贾宝玉生长在一个门第显赫、极为富贵的封建官僚家庭里，从小就过着饭来张口、衣来伸手的奢侈生活，按道理说他应该是幸福的，可是封建礼教禁锢了他的自由，他只会感到痛苦；古罗马帝国皇帝尼禄富甲天下，可富有、尊贵只使得他兽性大发，弑母戮师，甚至荒唐到火烧罗马城，最后众叛亲离，只得自杀。古往今来，很多的事例告诉我们，金钱与幸福之间是不能画等号的。作为一个有品位的女人，你要学会做金钱的主人，而不是做金钱的奴隶。

金钱并不俗，用之要有道

金钱并不俗气，所以要学会做一个“雅”女子，主要在金钱方面树立正确的消费观。每个女人都会有自己的一套消费观和消费习惯，有的女人会崇尚名牌，常常是一掷千金购买品牌服饰，即使是节食或者攒上几个月的工资去买一套衣服也会认为很值得；有的女人会在菜市场跟小贩斤斤计较那一毛两毛，但每每遇到超市打折的消息，就会去挤个头破血流买一大堆东西回家，结果有好多东西根本还没拆封就过期被扔进垃圾桶里了。不同的消费观念，就会打理出不一样的生活来。女人天性敏感，这样的敏锐不仅表现在细腻的情感上，还表现在女人的生活细节处。那些懂得品味人生的聪明女人，无论生活的优与劣，物质的繁与简，都能将生活打理得有滋有味。

实际上，女人的消费观是衡量经济的指标，商家都有这样的经验，那就是女人的钱是最好赚的。主要原因就是女人在消费的时候仿佛永远缺乏理性，总是被各种广告、商品所诱惑。其实，女人在消费这个问题上，是存在两极化倾向的。有的女人极不理性，盲目地购物，肆意挥霍金钱，常常出现刷爆卡的情况；有的女人却极端理性，不舍得花，不舍得穿，买什么东西都挑最便宜的。她们都没有形成一种正确的消费观，那就是"量入为出，适度消费"的消费观，这是一种既不主张对物质财富一味节约吝惜，又不赞成对物质财富毫无节制地消耗滥用的消费观；是一种使消费者既不为清贫所迫，又不为物质所累的消费观，是值得女性朋友提倡的一种正确消费观。

拥有几百亿美元净资产的全球首富比尔·盖茨，据说他至今还没有自己的私人司机，公务旅行从来不坐飞机头等舱，专门选坐经济舱，个人衣着也不讲究什么名牌，最让人不可思议的是，他竟对打折商品感兴趣。然而，在另一方面，比尔·盖茨相当大方地大把花钱。比如，微软公司的员工收入在全球都是相当高的；比尔·盖茨和微软公司每年都为公益和慈善事业一次次地捐出大笔善款，而且他还表示，要在自己的有生之年把95%的财产捐出去。

在生活中，比尔·盖茨也从不用钱来摆阔。一次，他与一位朋友前往希尔顿饭店开会，那次他们迟到了几分钟，所以没有停车位可以容纳他们的汽车。于是他的朋友建议将车停放在饭店的贵客车位。比尔不同意，他的朋友说："钱可以由我来付。"比尔·盖茨还是不同意，因为贵客车位需要多付12美元，那是超值收费。比尔·盖茨在生活中遵循他的那句话："花钱如炒菜一样，要恰到好处。盐少了，菜就会淡而无味；盐多了，苦咸难咽。"

比尔·盖茨从来不看重衣服的牌子或是价钱，只要穿起来感觉很舒服，他就会很喜欢。一次他应邀参加由世界32位顶级企业家举办的"夏日派对"，那次他穿了一身套装，这还是他的妻子先前在泰国普吉岛给他买来拍照时穿的衣服，样子还不错，只是价格还不到歌星、影星洗一次衣服的钱。但他不在乎这些，很高兴地穿着这套衣服参加了这次会议，他生活的信条就是："一个人只有用好了他的每一分钱，他才能做到事业有成、生活幸福。"

比尔·盖茨作为世界首富，并没有挥霍金钱的习惯，反而树立了一种正确的消费观。然而对于我们生活中的大多数人来说，在对待金钱和财富的问题上，存在着一种挥霍或极度吝啬的心态。养成一种良好的习惯，会使你终生受益，就让我们从现在开始树立正确的消费观，"量入为出，适度消费"。

对于女人来说，金钱怎样才能做到用之有道呢？用较少的钱买好东西，如果东西好，但需要花去所有的钱，或者这东西很便宜但只是一般化，这几种消费观念都是不提倡的；尽可能花在该花的地方，比如提升自己的品位，或是多关注时尚资讯，或是定期去健身房，或者多读读有益的书籍；买东西不一定非便宜不可，如果你确实喜欢上了一件昂贵的大衣，而又很适合你，也可以一掷千金；花钱的时候要保持头脑清醒，不要做物质的奴隶，不要做购物狂；学会爱惜自己，钱不仅仅花在物质方面，还需要花在精神方面。

女人不要经常动摇自己的价值观

每个人都会有一定的价值观，那就是对周围的客观事物的意义、重要性的总评价和总的看法。实际上，价值观通过人们的行为取向及对事物的评价、态度反映出来，是世界观的核心，是驱使人们行为的内部动力。当然，每个女人或多或少都会有自己对这个世界的看法，对幸福的定义，自己的消费观、金钱观，这些观念在一定程度上是不会有什么变化的。但是，有时候，它们会因为外界原因的变化而发生改变，例如，或者自己一下子提高了经济地位，就开始动摇那些最初的价值观。有的可能本来只是朴实勤劳的农村姑娘，但在繁华都市的大染缸里，她们逐渐失去了自我，成为金钱的奴隶，成为活跃在城市角落里的拜金女；有的可能是涉世未深、刚出校门的大学生，但在物欲横流的社会里，她们丧失了纯真，变得势利现实，甚至为了满足一己之利做出背信弃义的事情来。像这样的女性，都没有经受住社会的诱惑，轻易地动摇了自己的价值观，最后走向人生的歧途。做一个高品位的女人，就要秉承正确的价值观，并且不要经常动摇自己的价值观。

大学毕业后，她不顾家里人的反对，毅然跟一无所有的男友结婚了。新婚的最初是幸福甜蜜的，可是没多久，这种平静消失了，事情源于偶然发生的一件事情。

她在一家公司做文秘，平时需要经常陪同经理参加各种会议和酒会。在一次商务洽谈会上，当她拿起纸杯轻呷一口茶时，一个鲜红的唇印印在了杯沿上，她十分不好意思地将沾了口红的那一面转向自己，生怕被别人看见。

然而，这一幕还是被洽谈另一方的女秘书发现了。招待宴后，她在洗手间碰见了那个女秘书，她说："你口红的颜色很漂亮，只可惜印在杯上不太雅观。我们做秘书的代表一个公司的形象，是不可以用那些廉价口红的。"在那个女秘书转身关上门的瞬间，泪水从她的脸上流了下来。

原来，他们为了攒钱买房子，尽量地减少开支，她所使用的口红都是十元钱左右的。她从没有在乎过它的价格，只觉得青春是骄傲的资本，但是现在她却感觉到自尊心受到了伤害。她似乎开始重新审视自己的婚姻，居然冒出了离婚的念头。

本来她的价值观并没有被金钱所玷污，甚至为了爱情而选择贫穷的精神之恋，但是在面对现实的残酷，特别是自尊心受到了伤害后，她开始动摇自己的价值观了，开始怀疑自己的价值观出现问题了。其实，这并不是金钱的错误，而是在于她心中所树立的价值观不够坚定，一旦出现了一点点难堪，她就失去了坚持下去的勇气，进而选择逃避，所以她才萌发出离婚的念头。

德国总理默克尔以她的低调、朴素、谦和、平易近人等品格给无数人留下了深刻印象。在默克尔访问中国的时候，她坚持要入住七十多平方米的普通商务客房，似乎她出访入住普通房间已经成为一种习惯。

第二天早上，默克尔谢绝去专门为其准备的私密性强的索菲特会所，坚持和一般住店客人一样到7楼西餐厅吃自助早餐；而且不进VIP包间，和随行的德国工作人员一道在大厅吃自助早餐。她也谢绝了工作人员的服务，坚持自己到自助餐台取食物，并自己动手切法式长棍面包。在取一种燕麦面包时，默克尔不小心将一片面包落到了地上，她弯身捡起掉在地上的那片面包，并放进自己的餐盘里。

在德国，勤俭节约已经成为每个人的习惯，即便是身为总理的默克尔也不例外，国家总理的头衔并没有改变她的价值观，她还是那样平实、朴素。勤俭节约是人类社会共同的美德，也是所有优秀人物共同拥有的优点。

一般而言，一个人的价值观是具有相对的稳定性和持久性的。在特定的时间、地点、条件下，人们的价值观总是相对稳定和持久的。一旦他在对某种事物的好坏有一个看法和评价，在条件不变的情况下这种看法不会改变。也许，随着人们的经济地位的改变，以及人生观和世界观的改变，这种价值观也会随之改变，但这样的变化在某种程度上是一种完善，而并没有动摇在心底深处的价值观。如果你已经开始对你所树立的价值观有了疑惑，甚至经常动摇，那其实是缤纷多彩的现实世界吸引了你，诱惑了你，俘虏了你，所以激起了你内心深处邪恶的欲望。在很多时候，女人要懂得远离那些极具诱惑力的东西，克制自己心中的不良欲望，坚守正确的价值观。

找准重心，女人要为自己活得精彩

如果有人问女人生活的重心是什么，相信许多女人都会说是爱情。在绝大多数女人的生活里，爱情占据了很大一部分，甚至占据了生活的全部。每天，她们都会为心中的那个他忙碌，甚至喜怒哀乐都会为他而绽放。恋爱的时候，女人的一门心思都在男人身上，无心专注于自己的事业；结婚之后，更是辞去了工作，安心在家里相夫教子，做一个全职太太。从表面上看，这样的生活也不错。然而，从深层次上看，女人在很大程度上已经失去了自我，成为了男人的附庸，没有了自己的思想。其实，幸福的女人并不一定是小鸟依人，也并不一定是只做贤妻良母。幸福女人，应该是在任何时候都不会迷失自我，有一份喜欢的工作，有一些高雅的兴趣爱好，有一个爱自己的人，有一个温馨的家庭。人生路漫漫，开满了各色绚丽的花朵，你不必只为了一朵花而停留顿足，而应优雅地走完全程，不给自己留任何遗憾。因此，做一个女人，首先就要独立自主，才能人格独立，才能为自己活得精彩。

她是一位活得很精彩的女人，一生为自己活着的美丽女人！出生于1931年的卡门·戴尔·奥利菲斯如今已是逾八旬的老人，是世界上“最老的职业模特”。虽然“最老”总让人想起了鬓发斑白的老人，然而卡门在T型台上的表演仍能用无可挑剔来形容，依然如女王般高贵。

骄横任性是许多超级名模们的通病，但卡门来自另一个时代，传统的敬业精神赋予她别样的优雅。当年轻的模特们因为断掉的指甲而大发脾气时，卡门不会因为疲劳或脚痛而影响任何一次演出，她无论何时何地都展现出无瑕的美丽。

卡门21岁时嫁给了第一个丈夫并有了一个女儿劳拉，24岁时这段婚姻告终。此后卡门的一生中又经历了两次失败的婚姻和诸多罗曼史。当有人问她在七十高龄，爱情对她是否还重要时，她反问道：“呼吸对你重要吗？”

年逾八旬的卡门·戴尔·奥利菲斯依然优雅地游走在T型台上:高而有形的颧骨,湛蓝的眼珠、如云的白发。卡门举手投足间展现出一种女王般的高贵。她是一位为自己活得很精彩的美丽女人,无时无刻不在展现自己无瑕的美丽。即便是在80岁,她也认为爱情很重要,就像呼吸一样重要。

女人,要学会为自己活出精彩,对自己负起责任。当你对着天空大声喊道"我要为自己而活,活出自己的精彩",那就是你最美丽的时刻。活出精彩的人生,这并不是肤浅的想法,也不是心中的浮躁,更不是轻狂的表现。为自己而活出精彩,并不是一种炫耀,也不是为了逞强,更不是为了做一个霸气的女人。其实,女人为自己活出精彩,是一种豁达的心境,是一种知足的快乐,是轻轻松松驱除纷扰,是明明白白地享受人生。

洪晃是一个性情女人,做事比较情绪化:毫不犹豫辞去年薪18万美元的首代职;在陈凯歌大红大紫的时候,提出与其离婚。但她活得自由自在,按自己的个性活,过着自己想要的生活。洪晃自嘲地称自己这种自由不羁的个性为"痞女"。

洪晃出身名门,外祖父章士钊是著名的爱国民主人士,母亲章含之也是位出色的女外交官,曾写下轰动一时的《我与乔冠华》一书。洪晃12岁那年去了纽约,并自那时起打下了深厚的英文基础。后来她以自己为原型,出书《红色童话》。洪晃坦言,"给了自己很多压力,但是后来我意识到,如果事实证明我活得没有我家人那么成功并不说明我活得不好,并不是说我糟蹋了这一辈子,并不说明我不值得。因此到现在为止,我活得还是比较自由自在的,我一直在按自己的个性活,过我自己想要的生活。"

也许很多人并不欣赏洪晃的个性,但是你不得不赞同到目前为止,她都活得自由自在,按自己的个性而活,过自己想要的生活,活出自己的精彩。

人生路漫漫,人活在世何所求?只有不断地奋斗才能绽放绚丽的人生。作为新时代的女性,要拥有完整独立人格,要想取得人格独立,你首先要获得经济独立。有一份自己喜欢的工作,不需要多高的薪金,足可以养活自己;有几个有品位的朋友,闲来无事聊聊天;有几种高雅的情趣,提升自己的内在。当你发现生活已经平淡如水的时候,不妨为自己生活注入新鲜空气,活出自己的精彩,而不是做附在男人身上的寄生虫。

※下篇※

提高情商，做人见人爱的聪明女人

每个女人都希望自己是浩瀚宇宙中最受欢迎的那颗星星，能够绽放出最耀眼的光芒。每个女人都渴望自己成为最受欢迎的人，使自己拥有丰富的人脉资源，在人生的漫漫旅程中，左右逢源，应对自如。其实，每个女人都在自己的生活中扮演了不同的角色，只要你能完美演绎，就能够获得所有人的喜欢。这些，需要女人坦率真诚，本色出演；偶尔耍点小心机，做外柔内刚的女性；口吐莲花，做能说会道的女人；与闺蜜之间相处，要做一个能交心的女人；与异性交往，做一个可以信赖的女人；在纷繁复杂的社会交际中，做一个受人欣赏的高智商女人。

第十二章

本色出演，做坦率真诚的女性

女人要想在纷繁复杂的人际关系中建立属于自己的一片天地，就需要你在任何时候都要表现出自己的坦率真诚，做最本色的自己。在人与人之间的交往中，真诚无疑是打开他人心门的一把钥匙，也是实现双方心灵沟通的一座桥梁。因此，女人不妨在他人面前展现出最真实的自我，不需要故意去掩盖真实的自己，也不需要为了赢得他人的好感而失去自我。当你给予对方真诚的同时，对方也会同样对你报以信任，而双方之间的沟通最为关键的一点就是彼此的信任。保持谦虚的态度，因为谦和有度永远比张狂不羁受人欢迎，这也是你最好的一张名片。

女人性格好，人缘差不了

女人的魅力，除了来自青春靓丽的外表，更需要有深层次的东西，那就是性格、气质和修养，而这其中最重要的就是一个女人的性格，因为一个人的性格往往影响着其命运。西方有句名言："播下一个行为，收获一种习惯；播下一种习惯，收获一种性格；播下一种性格，收获一种命运。"其实，性格就是人性决定的人格，性格是一个人的人格的表现。对女人来说，性格是左右其命运的重要因素和神秘力量，一个女人性格的好坏直接影响到女人婚姻的美满、事业的顺利和生活的幸福，好性格是女人幸福一生的积极推动力。女人的性格越好，她的交际能力就越强，所建立起来的人际关系就越融洽，这使得她的事业、生活就更容易取得成功，更容易收获幸福。

Sophie Tucken 曾说："女人从出生到 18 岁需要好的家庭；18 岁至 25 岁需要好的容貌；25 岁到 55 岁需要好的个性；55 岁后需要好多钞票。"换句话说，在一个女人漫长而美好的一生中最需要的就是一个好性格。一个性格好的女人，她会在纷繁复杂的人际交往中寻得自己的一片自由天地，她能在复杂的人际关系中应付自如、游刃有余。因为对于一个女人而言，要想在交际圈里占据有利位置，依靠的并不是外在的美貌，而是她的个性。外在的美貌终会随着岁月的流逝而日渐衰落，终有一天，你会不再美丽，到时候，你依靠的就只有你那好的个性了。在人际交往中，那些最受欢迎的女人无疑是性格好的女人，只有拥有比较好的个性，才能与人建立融洽的关系。因为人们并不喜欢与那些野蛮、娇气、不讲道理的女人相处，这样只会让他们一点点失去耐心，而且也让他们感到无所适从。

王小姐与张小姐已经认识三年了，她们是大学同学，更是形影不离的好朋友。但随着大学毕业之后，两人之间有了各自的生活，她们的感情越来越疏离，甚至出现了友谊危机。王小姐看起来很年轻也很美丽，虽然是快三十岁的人了，却一点也不显老，反倒有一种成熟的韵味。而张小姐则是相貌平平，又不喜欢打扮，所以在王小姐面前显得逊色很多。

她们俩在大学相识的时候，因为是一个寝室的，又是上下铺关系，所以她们彼此走得很近。王小姐从小过着养尊处优的生活，而张小姐是一个满脸沾着农村气息的愣头小姑娘。依靠着王小姐的显赫家庭背景和强大的人际关系脉络，张小姐谋得了很好的职位，一直平步青云，最后坐到了经理的位置。

两个人表面看似融洽、亲密的关系，其实埋藏着看不见的导火线。特别是在大学毕业后，张小姐从一位农村姑娘变成了独立自主的白领，她再也不愿意事事都让着王小姐，也不希望自己的所作所为受到王小姐的干涉。王小姐从小受宠的生活，使她养成了大小姐的脾气，这让张小姐觉得很不好相处。时间长了，张小姐也懒得主动联系王小姐，总是借口工作忙，王小姐经常为此生气，还到处跟人说张小姐忘恩负义。

有一个周末，王小姐打电话邀请张小姐一起去逛街，张小姐说自己在加班，没有时间。王小姐一个人闷闷不乐地在大街上闲逛，可是她无意中居然看见了张小姐与一位朋友互相挽着手，有说有笑地在商场里逛。王小姐显得非常气氛，她没有想到跟自己说在加班的张小姐居然陪着另外的朋友一起逛街，她有种被抛弃的感觉。她跑上前质问："你不是在加班吗？"张小姐显得有点理亏："因为之前早就和朋友约好了，跟你实话实说，怕你生气嘛，所以就编了个借口。"王小姐蛮横地说："即便是早就约好了，你也应该跟我一起逛街，而不是她，你知道你今天这样的成就那就是拜我所赐，你居然这样对我。"张小姐也显得有点生气："你总是这样，和你做朋友，我觉得很累，什么事情都要听你的，我和其他的朋友在一起就觉得很轻松。"王小姐有些歇斯底里："你这没良心、没眼光的家伙，我真是瞎了眼，傻傻地把你当成最好的朋友。"张小姐长出一口气说："朋友之间也是互相平等的，你或许并没有把我当最好的朋友，我只是一个能在你无聊时陪你消遣时光的人。"

最后，王小姐与张小姐的关系慢慢疏远了，而直到王小姐完全失去了这个朋友，她也没有明白自己的问题到底出现在哪里。

王小姐这样的一种性格，让她失去了一个好朋友，而这样一种性格，也会直接导致她在人际交往中的失败。

有这样一句话:“聪明女人修的是一个看不见的自己,花期是谁都有的,但果却不是人人都能结的。”如果一个女人能够蕙质兰心、灵动达理、明眸善睐,那么她无疑是一个魅力非凡的女人,这样的女人一定会获得成功。而她能具有如此魅力、获得如此的成功,最关键的一点就是她的良好个性。

女人迎合他人并不是丢失自我

有些人在与人相处的时候,为了与之建立和谐融洽的人际关系,会主动迎合他人的嗜好。这样一方面可以让对方感到受重视,受尊重,另一方面也可以使对方对自己产生好感,进而达到交往的目的。其实,迎合他人对于建立融洽的人际关系是有一定帮助的,但是,并不是说你在迎合他人的同时,你就以丢失自我为代价。换句话说,也就是你在迎合对方的时候,是建立在贬低自己的基础之上,以降低自己的价值来使对方的价值得到提升的。这对于极具个性的女人来说,是极为不妥当的做法,这是因为在人际交往的关系中,每一个人都是独立的自我,根本没有必要为了迎合对方丢失自我。

当然,我们在与人相处的时候,可以为了获取对方的好感,而主动迎合对方的嗜好,比如话题从对方身上谈起,谈一些对方的兴趣爱好,适当说一些赞赏对方的话等。但是,这样迎合对方的方法,必须是建立在保持独立自我的基础之上的。在很多时候,我们不必去在意他人的想法,没有必要丢失自我而去迎合别人。因为,如果一个人不能明确地阐明自己在生活中的思想和感觉,那就没什么人会与你坦诚相见,没什么人会真正尊重你。人与人之间的交往是建立在平等的基础之上,千万不要委屈自己的个性去迎合别人,这样只会让你在人际交往中体会无尽的烦恼和痛苦。可能,这对于你建立融洽的人际关系只是短暂的,时间久了,别人就会因为你不够坦诚而拒绝与你交往下去。最终，你认为无往而不利的交际法宝会让你在人际关系中处处碰壁。

小月是刚毕业的大学生，刚来公司一个星期，她是一个极其内向的女孩，却也是一个有个性、有想法的女孩。但是由于性格上的内向，使得她不怎么会表达自己的真实想法，而她常常为了与同事之间建立良好的人际关系，处处迁就身边的同事，事事迎合他们的想法。

当大家一起聚餐的时候，总会有人问到小月想吃什么，小月总是表示“你们点吧，我不挑食的”，刚开始大家还会继续追问“你总有自己最喜欢吃的东西吧”，可时间长了，大家都知道小月似乎真的没有什么特别喜欢的。于是，每次吃饭点菜的时候，同事们都直接跳过小月，根本不征询小月的意见，小月感觉到被大家忽视，心里虽然难过但还是觉得自己的做法是对的。当她和女同事一起出去逛街的时候，总是女同事兴致很高地到处看看，而小月总是紧跟其后，当见到自己心仪的衣服，也只能擦肩而过。同事有时候很不解：“小月，你怎么不挑挑你喜欢的衣服，让我看看你的穿衣风格。”这时候，小月总是支支吾吾：“其实，我觉得你所挑选的，差不多都是我喜欢的，你的眼光真好。”同事虽然有些质疑，但还是很高兴。

有一次，小月所在的部门临时召开一个决议会议，主要是针对前不久一起策划出来的工作方案作最后一次讨论，主管的想法是希望大家都能够提出中肯的意见，然后对工作方案进行仔细修改之后再上交。会议上，大家七嘴八舌地议论起来，都提出了一些建议，但经过一番仔细的推敲，都觉得不可行。主管突然喊道：“小月，你是高材生，你来说说还有没有什么可行的方案。”小月显得有点迟疑，自己心里倒是有一个比较可行的方案，但毕竟这个方案是主管亲自策划的，如果自己当面提出来，会让主管面子上挂不住，那么以后自己与主管之间的关系也很难融洽。主管看见眼神忽闪的小月，鼓励道：“你不用顾虑什么，有什么样的好方案就尽管说，大家都等着你呢。”小月想到这是一个表现自己的机会，在主管的鼓励下，对修改的方案侃侃而谈，当即赢得了同事的掌声。

新到公司的小月为了获取同事之间的好感，希望与同事、上司建立和谐融洽的关系，就隐藏自己真实的想法和感受，在任何时候，她都会处处顾及别人的想法而忽视自己的感觉。这样的一种交际方式只会让自己变得越来越无足轻重，也不会让对方向你坦诚相对，幸亏在主管的鼓励下，她终于把自己的设想说出来，证实了自己的价值，也使同事感到她的能力所在。

如果说主动迎合别人是为了赢得对方的好感，那么不丢失自我则是为了赢得对方的尊重，只有在互相尊重的前提之下，双方才能有更为坦诚的沟通。聪明的女人会懂得在交际中既适当地迎合对方的嗜好，而又完全保持个性的自我，这样她们就能在复杂的人际交往中应对自如，并与身边的人建立融洽的人际关系。女人永远要记住，只有坦诚才能够开启对方心灵之门，而这需要我们在迎合对方的同时必须保持个性的自我。

给予别人真诚，别人会对你报以信任

真诚，是人与人之间架起的一座信任的桥梁，只有你给予别人真诚，别人才会对你报以信任。聪明女人会在与人相处的时候，以一颗真诚的心来面对，坦诚表露心迹，来赢得他人的信任。其实，能够在纷繁复杂的人际关系中赢得他人的信任，这才是人际交中的最大的成功。而为了获取他人的信任，你就必须付出真诚，唯有真诚才能敲开对方的心扉。孔子曰："己所不欲，勿施于人。"你想要别人如何来对你，那么你就要以同样的态度来对待别人，这是人际交往中的重要原则之一。每个人都希望得到别人的真诚相待，要想别人真诚待你，你就应当首先主动真诚地对待别人。你怎样对待别人，别人也会怎样对待你。如果你与人为善、真诚待人，那么对方同样也会真诚对你。

俗话说："投之以桃，报之以李。"当我们向对方给予真诚的时候，对方也会回报我们以信任，这是人际交往中的双赢，也是双方之间关系得以融洽的前提。有的女人会对真诚待人持怀疑甚至否定的态度，她们认为如果自己给对方真诚，对方却不以真诚待自己，那么自己不是显得很傻、很吃亏。当然，我们并不能否认，在我们身边有这样虚伪、狡诈、阴险之人，他们会玩弄我们的真诚，戏弄我们的善良。但是，这样的人毕竟是少数的，而且当我们的真诚被他们践踏在脚下的时候，吃亏更多、损失更大的并不是我们自己，而是他们。因此，当我们在与人相处的时候，只要你给予对方以真诚，就会获得信任这样丰厚的回赠，这自然是情有所值。

李倩刚刚大学毕业就被安排到镇上一所中学教书，这对于她而言确实是一件美事。她从小就梦想着站在三尺讲台上侃侃而谈，向下面的学生播撒知识的种子，这是她的心愿。如今，她的梦想终于实现了，她不禁有些不敢相信这就是事实。

李倩所在的班级并不是全年级中的优秀班级，只是一个普通的班级，里面什么样的学生都有，这让满怀希望的李倩显得有些失望。她想培养出优秀的学生，而并不是整天来应付这些问题学生，于是一开始她就很排斥。面对学生的出现的种种问题，她并没有表现出自己的耐心，而是板着冰冷的脸以此希望能够使他们改掉自己的缺点。由于她一味地与学生站对立面，使双方之间的冲突日益加剧，而她自己的教学工作也难以进行。这时候，李倩不禁有些反思自己的行为，开始尝试着以自己的真诚去打动他们。

她仔细观察班里的学生，决定通过自己的实际行动来走进学生的心里。在那些问题学生中，她发现了一位与众不同的学生小娜，小娜来学校好像根本不是为了学习，而是以自我为中心，既不与同学交往，也不关心班级集体。她只是每天穿着奇装异服，涂脂抹粉，以顶撞李倩为乐。李倩看着行径怪异的小娜，仿佛看见了中学时代的自己，她决定帮助小娜。李倩通过各种渠道搜集了小娜的信息，了解到小娜童年时父亲就意外身亡，只有母亲一个人带着她。当李倩了解到了这些，就十分理解小娜了，她包容了小娜所有的过失，并寻找机会接近她。

当李倩了解到小娜是个哈韩族时，她不禁有了主意，她抓紧时间按照小娜的喜好去了解韩剧和韩国明星，然后再与之交谈。正是因为有了共同的话题，李倩和小娜的沟通出现了希望，同时小娜也感觉到了李老师的努力，感受到了李老师的真诚。师生之间的谈话有了进展，小娜也从最开始的不配合变成了后来的滔滔不绝。李倩成了小娜的知音，李倩

以自己的经历告诉小娜，要理解母亲，要学会接受现实，要在磨砺中成长。小娜开始慢慢转变自己的观念，也收敛了自己的不良行为，学习状况也有所好转了。

李倩正是用一颗真诚的心对待小娜，以真诚获取她的信任，用信任赢得她的理解。于是，信任和理解使李倩和小娜之间产生了共鸣，也促使小娜明白到了自己的错误。当我们在与人交往的时候，也要满怀热情投入到人际交往中去，要用理解走进对方的内心世界，要真诚地对待身边的每一个人，这样才会赢得对方的信任。

每个人都是社会这棵大树上的叶和果，谁都不可能离开社会而孤独存在。生物学反复证明过一个真理：只有互助性强的生物群才能繁衍生存，伤害别人就等于用自己的左手伤害自己的右手。友善真诚待人的结果是双赢，以我的真诚换取你的信任，这样深刻的道理却是非常简单的。但是，对于每一个女人来说，简单的道理，真正做到了却很不简单。

谦和有度永远比张狂不羁受人欢迎

一个不张扬的女子，一个温柔与果敢兼具的女子。她永远是浅笑盈盈，清澈透亮的眼眸里有种洗净铅华的沉稳，更多的是一种气定神闲的优雅。这样一位谦和有度的女子，犹如气息芬芳的兰花，一点一点散发出属于她的美丽，优雅芳香始终围绕在她的周围，让你为之心醉。当你开始慢慢接触她，并与之交谈的时候，就像是和一位老师恳切交谈，因为她总是那么谦和有度；也像是和一位长者在学习交流，因为可以从中学到很多东西；更像是和一位多年未见的好朋友在聊天，因为她总是那么小心地顾及你的想法。即便是她高高在上，也会让你感受不到一点架子，干练而又有知性美，不近不远的感觉，让你敬佩、敬仰之感油然而生。这样谦和有度的女子永远比那些张狂不羁的女子受欢迎。

谦和，对于每一个女人来说，都是一种人生智慧：知其能，且知其所不

能；努力自己所能，放手自己所不能，这实在是一种不招摇的生活态度。谦和有度的女人，她们最知生命的卑微和人生的无常。因为骨子里的谦和，她们说话做事都比较理性，不奢望向他人炫耀以此来招人眷顾，她们只是默默培植一方适合自己生存的土，然后努力地长成一棵树。既无攀附之物，也无相伴之人，她们就是独立地站着，在阳光霜雪风雨中，她们自有一番独担岁月的从容与洒脱。谦和有度的女人，就像是常青的翠竹，她们虽然会有在风雨中摇摆的颤抖，会有在雨雪重压之下的垂首。但是，风雨霜雪并不是长久的，等到日出，她们就会像翠竹依然扬起挺拔的秀丽。

一代画家潘玉良，虽然是青楼出身，而且长得不算漂亮，甚至有点丑，但她这个人连同她的作品一直被人称道与赞赏，甚至享誉世界，这是为什么呢？其中最重要的一个原因，就是她的谦和有度。

潘玉良是个把“谦和有度”做到极致的女人：当她被舅舅卖到怡红院的时候，她明白无从逃脱便不逃跑；当她知道自己不能守身的时候，绝不为瓦全；她知道自己不够漂亮，所以她也不奢望被潘赞化宠爱一生；她知道自己有艺术天分，于是她就潜心学画并以此谋生；她知道自己在潘家永远没有出头之日，也得不到应有的尊严，于是她毅然放弃了尚存爱的小家；她知道艺术可以让自己身心熏陶，所以她决定远走异国他乡；她知道自己没有能力上前线保家卫国，但她明白自己同样可以用自己的绘画作品及人格来捍卫祖国尊严，于是她宁肯挨饿也绝不向纳粹卖画谋生、更不求荣；她知道自己还欠着潘赞化的救命之恩，于是她宁愿在异国他乡守活寡也不见异思迁；她也知王守义之情深意长，便尽力地与其手足相惜……

潘玉良谦和有度的人生智慧，朴素的生活心态，正是其人格魅力所在。现在我们应该明白她是如何使自己享誉世界的，因为其人格的超凡魅力，铸就了她的艺术作品的生命力与魅力，这是由于艺术作品其实是艺术家的人格物化。

很多漂亮的女人，特别是年轻漂亮的女人，她们大多以漂亮、年轻作为自己的资本，而且常常陶醉于这样的资本，显得张狂不羁。她们甚至愿意以这样的资本去邀欢取宠或者赚取名利，从表面上看，她们似乎成了红尘中舞动的抢眼色彩。实际上，这种风光并不会长存多久，只有那些谦和有度的女人才能够使自己魅力长存。

小卓和小万是大学时代的好朋友，她们一起进了同一家公司，并应聘到同一个部门。小卓的性格有点内向，说话做事都谦和有度，彬彬有礼，深得上司和同事的喜欢。小万在大学时期是学生会的主席，难免会带点自恃雄才的态度，而且她看起来又很漂亮，所以她更觉得自己是个优秀的人才，这样的她在公司里几乎没有交到一个可以信赖的朋友，反而给自己树立了不少对手。

有一次，公司进行新一轮的人事变动，小卓和小万所在的部门也需要提携一个得力的助手。主管为了显示出公平，决定通过提名和主动竞聘这样两种方式相结合。会议一开始，小万就迫不及待地开了头："我想来竞聘这个职位，因为我觉得自己各方面都比较优秀，我在大学时期是学生会干部，这让我积累了不少与人交际的实际经验……"当她在台上侃侃而谈的时候，台下的同事却开始小声议论起来："就她，才出校门的黄毛丫头，能行吗？""嘿，就学校那点经验还好意识拿出来说，有本事在社会上锻炼几年再说……"议论声越来越大，坐在下面的小卓担心地看着小万，小万却置若罔闻，依然讲得津津有味。后来，有不少同事开始提名推荐，有人冒出一句："我觉得小卓挺不错的，谦和有礼，即便是对我们这样的老员工，她也能耐心请教，什么时候都面带笑容，做事也很认真，但从来不张扬……"旁边一位老员工也附和："是啊，现在就得给年轻人一个发展的机会，像我们这样的老骨头就算了。"就这样，越来越多的人开始同意这样的提名，于是，在少数服从多数的情况下，小卓被任命为部门助理。

小万看着谦和有礼的小卓，再想想自己的张狂不羁，终于明白自己的致命弱点所在了。

一个受欢迎的女人，她必定是淡雅谦和的，在这个世界上，我们要对自己所拥有的一切怀着一颗感恩的心。既然漂亮与我们无缘，那就让自己做一个谦和有度的女人吧！当然，谦和的女人并不是一味地自谦，默默无闻，甚至低到尘埃里去，我们应当做一个谦和"有度"的女人。谦和有度，即是"咬定青山不放松，立根原在破岩中。千磨万击还坚劲，任尔东西南北风。"谦和有度的女人，骨子里自有一种内蕴的定力与柔韧。

不谈论他人是非的女人最受欢迎

有些女人似乎是天生的语言学家，她们在语言的王国里自由穿梭，不忌讳什么，也不去顾及他人的想法。她们往往只图一时的痛快，只是为了满足自己内心的虚荣心，就开始无所顾忌地大发言辞。至于自己所说的话会给他人带来一些什么样的伤害，她根本不会理会，更不会担心所带来的后果。于是，在茶余饭后，在工作休息的短暂时间里，她们就开始结群搭伙地海聊开来。她们所谈论的话题无非是谁即将升职了、哪个主管有了新欢、隔壁部门新来的同事有什么特别的怪癖等一些有关于他人隐私的话题。在她们心里，这些话题可以缓解工作带来的压力，也可以满足自己内心的欲望。她们以他人的是非话题作为自己的谈资，以谈论他人的隐私、伤疤作为自己的快乐，以在背后谈论他人来满足自己的口欲。其实，这样的女人不仅不会受到他人的喜欢，反而会受到他人的憎恶。反之，那些专注于做好自己的分内工作、默默无闻、不谈论他人是非的女人才是最受欢迎的。

苏苏是出了名的“大嘴巴”，她总喜欢跟自己的好朋友分享一些“新闻”，那些新闻也就是谁又离婚了、哪位同学又傍了个大款、谁的老公在外面又有外遇了。苏苏总是热衷于这样的话题，似乎看着别人家庭的不幸就是自己最大的快乐。只要一有风吹草动，苏苏就急忙约上闺蜜一起谈论这些事情，并在一起进行讨论、分析。

有一次，苏苏在外面喝茶的时候，偶然看见办公室同事美琳的老公正与一位年轻貌美的女子喝茶。苏苏想起美琳平时总是心高气傲，还逢人就夸自己老公如何如何能干，现在看到她老公做出这样的行为，苏苏不禁暗暗发笑。次日上班的时候，大嘴巴的苏苏就跟办公室的同事分享了这一“新闻”，正在大家说得津津有味的时候，美琳脸色阴冷地走了进来。原来，美琳在卫生间的时候，正巧听到了苏苏跟同事说起这事，到了办公室，又听见苏苏更加放肆地谈论此事，本来心气就很高的美琳怎么能容忍整个办公室的人都在谈论自己老公的桃色新闻!

美琳当天就请假回家了,之后一直没有来上班,有人说她辞职了,也有人说她离婚了。而办公室的同事知道了美琳的遭遇都对其报以同情,而对谈论他人是非的苏苏开始敬而远之了。

像苏苏这样的大嘴巴,无疑是让身边的人非常憎恶的。一个女人如果不善言辞,人们只会觉得无趣而不会对其厌恶;如果一个女人总是口若悬河,满嘴流言飞语,甚至口出是非之言,那身边的人只会对其敬而远之。

要想做一个在人际交往中受欢迎的女人,就千万切忌谈论他人是非。无论是在生活中还是在工作中,都要做到谨言慎行,该说的话要“三思而后说”,不该说的话千万不要随便乱说,尤其是对于他人的隐私、秘密,更需要谨慎对待。即使是你无意中听到了他人的秘密信息,你也不要到处张扬,更不能见人就说,每个人都需要有一个自由空间,你的尊重也会换来别人对你的信任。

女人要学会为他人的成绩喝彩

在生活和工作中,有的女人看见昔日的同学风光于人前人后,不断地晋升职务,嫁了一个好老公,就免不了觉得自己才貌也不错,但只有普通的岗位,拮据的生活,心里就会失去平衡。她们总是认为那是“瞎猫撞到死耗子”,或者认为领导不够公正,甚至怀疑他人背后有着不可告人的“潜规则”。总而言之,她们面对他人的成功,总是感觉那是不正当手段取得的,心里不禁萌发阵阵敌意。其实,作为同学或同事,大家本来都是站在同一起跑线上的,不可避免地就会有所比较。有时候别人的进步,或多或少都会让我们的心里有些触动,这是无可厚非的。但是,有些女人对这种情绪并没有加以调整,而是愈演愈烈,几乎是把对方当作了敌人般看待,而最终影响自己正常的工作和生活。实际上,在面对他人的成功时,与其闷闷不乐,还不如拿出自己的胸襟,大方为他人喝彩,使自己在人生的道路上多一个朋友,少一个敌人。

我们的身边不乏这样的人,当自己取得了成绩、荣誉时,就奔走相告,兴奋不已;而一旦同事或者身边的人有了进步,却往往充耳不闻,甚至竭尽地挖苦、冷嘲热讽对方,以宣泄自己的嫉妒心理。西班牙学者巴尔塔沙·葛拉西安有句名言:“学会欣赏每一个人会让你受益无穷,智者尊重每一个人,因为他知道各有其长,也明白成事不易。”由此可见,为别人喝彩,也是一种智慧,更是一种人格的修养。嫉妒的心理是源于心理上的失衡,长此以往,不仅会对自己的身体和心理造成一些伤害,也会使他人对你敬而远之,影响到自己的生活和工作。为他人的成绩喝彩,是一种胸襟,也是一种气度,这样能拉近与他人的距离,增强自己的人际吸引力,为自己建立融洽的人际关系,营造出良好的工作、生活环境。

在动物王国的体育大赛上,狗熊获得了摔跤冠军,猴子获得了攀登冠军,小鹿获得了跳远冠军。在猩猩与野猪的赛跑比赛中,猩猩跑到中间便败下阵来,却毫无怨言地为跑到终点的野猪鼓掌致意。比赛结束,猩猩获得了最佳荣誉奖。

狮子说:“当大家都在为自己家族的运动员取得好成绩欢呼雀跃时,唯有猩猩不忘为别人喝彩。”

在生活中,为他人的成绩喝彩的人是值得我们尊敬的,值得我们去推崇的。为他人的成绩喝彩是一种难得的智慧,当你在欣赏别人的时候,也在不断地提升和完善自己;当你真诚地为他人成绩而鼓掌的时候,你化解了敌意,获得了友谊;当你在赞赏对方的时候,其实也矫正了自己的狭隘自私和妒忌的心理。所以,作为一个女人,你要学会为他人的成绩而喝彩,在他人的成功中品尝快乐。

新年过后,公司又开始新的一轮人事变动,准备提拔一批年轻的干部。小娜、小乐、小慧是很好的朋友,在大学的时候是同班同学,一起进的公司。三个人的工作能力都特别突出,又同在一个部门,这次的人事变动很受她们的关注。小娜认为自己绝对能够胜出,因为自己不但工作能力优秀,而且长得很漂亮,这对于经常在外面与客户洽谈业务是很有益的;小乐则专注于自己的工作,偶尔会向同事打听一下,并没有太关注;小慧则不闻不问,好像一点也不关心人事变动这件事。

最后结果出来了,业务部所提拔出来的年轻干部是小乐。于是,办公室都在议论纷纷:论工作能力,小娜比她能干多了;论业绩,小慧丝毫不比她逊色。每天听着这样的议论,小娜心里觉得很愤慨,索性请病假歇班了。而小慧却真诚地向小乐祝贺,并更加积极地投入到工作中去。

不久,小娜因为心里有情绪,在工作上提不起劲,还是在原地踏步。而工作出色的小慧却在两个月之后被提升为办公室主任,她也走向了成功。

一场竞争就这样成了双赢的局面,而小娜最终因为嫉妒的心理影响了自己正常的工作,小慧能为同事的成功而喝彩,也获得了最后的成功。为他人的成绩喝彩,这其实是一种自信的表现,因为她知道自己是一颗珍珠,别人的光辉不但不会遮蔽自己,反而会把自己照得更亮。仰视别人放低自己,才能汇集别人的长处,大海能纳百川,就是因为它首先放低了自己的位置。

在生活中,学会为他人的成绩喝彩。当朋友找到了一份好工作的时候,当你的同事即将晋升的时候,当邻居的儿子因学习优秀而出国的时候,请为他们的成绩喝彩,因为你也会在他人的喝彩中走向成功。

第十三章

有点心机，做外柔内刚的女性

那些受万众瞩目的女人，集千娇百媚于一身，她们无论在哪里，都会受到大家的欢迎。魅力女人，既需要娇艳的外貌，也需要高雅的气质；魅力女人，既需要孩子般的单纯，也需要偶尔耍点小心机。因此，做一个有点心机的智慧女人，甜而不腻惹人怜爱。智慧女人之所以能够惹得人们怜爱，在于她们清楚地知道自己需要什么和不需要什么，自己需要的该如何去得到，而自己不需要的该如何去拒绝。她们总能够在得失之间权衡利弊，在进退之际把握得宜，她们自信但不自大，谦和但不自卑。聪明的她们懂得如何利用自己的娇媚，怎么恰到好处地展现自己的柔情，如何在关键时刻巧妙示弱获得他人的怜惜。因此，她们在人生的路途上能够如鱼得水、游刃有余。

智慧女人善用娇媚这个特有资本

娇媚是女人的一种特别迷人的魅力，是一种女人骨子里的韵致、灵活、情趣。宋代柳永在《尉迟杯》里这样写道："恣雅态，欲语先娇媚。"她蓦然回首，眼波游离，还没有开口说话，就显露出娇媚之气来，怎能不叫人陶醉？娇媚是女人独具的本色，它可以是半推半就，可以是掩嘴微笑，可以是娇嗔之语，可以是媚眼秋波，也可以是梨花带雨。女人的娇媚简直是异彩纷呈，也许人们会淡忘你的美丽容颜，却忘不掉你身上的娇媚之气。娇媚，是每个女人身上都有的迷人气质，它隐藏在你的身上，通过你的言行举止流露出来，也许是你的娇憨之语，也许是你的甜美仪容，也许你的妩媚之态。智慧女人，需要利用好自己的娇媚，使自己在纷繁的人际交往中无往而不利。

娇媚，是女人的独特气质，女人如果不娇媚就显得不可爱，也不会获得别人的怜爱。荷叶上的小水珠是娇媚的，它轻轻地附在荷叶上，娇滴滴地滚动着，灵气逼人，让人想把它揣进怀里。

智慧女人，更加懂得在关键时刻展露出自己少许的娇媚，顿时绽放万种风情，简直是美不胜收。懂得利用自己娇媚的智慧女人，她们不容易让岁月在自己身上留下痕迹，无论你什么时候走近她，都会获取不一样的精彩。因此，要想做一个娇媚的女人，即便是你有多能干，在男人面前，也不要表现出高高在上的姿态，要学会做小鸟依人，不要做凤凰耀屏。有的事情应该是男人去做的但女人也可以做的，女人就尽量少做或者不做，适时让男人去表现自己，让他们感觉到自己存在的价值，他们也会越来越自豪，而愿意对你伸出援助之手。

温文尔雅，柔术攻人心

女人美丽如花，女人魅力如珠，她们柔情似水，清新如茶，轻盈如歌。有的女人清新淡雅，有的女人聪明美丽，有的女人善良真诚，有的女人精明能干，但是，无论你是属于哪种类型的女人，如果你缺乏女性特有的温柔，就很难受到人们的肯定，也无法被人公认为好女人。真正人见人爱的女人，应该是传递爱的使者，是温柔的化身，只有温柔的女人才是最让人心动、最有魅力的女人。从她们身上体现出来的无尽的温柔，就如同山里的清泉，涓涓细流，一直流到你的心底；恰似冬日里的暖阳，一点一点地温暖你冰冷的心；又如竹林里的风，暗香长留，清美幽远。

有人说，温柔的女人是微笑的天使，她们总是面带微笑度过每一天的生活，从来不抱怨生活中的困难和挫折。她们把每一次的失败都认为是一次尝试，不会一蹶不振；把每一次的成功都看作是一种幸运的降临，而不张狂不羁。她们力所能及地改变自己所能改变的一切，接受那些不能改变的一切，她们用自己的柔情去感化他人，去影响他人。温柔，就犹如一把神奇的钥匙，可以打开心灵的迷宫；温柔，似一缕微风，化解情感隔膜的冰霜；温柔，恰似微笑的天使，在她们的脸上挂起一片永不落下的灿烂。

她和他是青梅竹马，从小一起长大，在他们 10 岁那年，在村里的老槐树下，他许下了长大后一定要娶她的承诺。她为着这个承诺，不惜放弃了自己的学业，南下打工挣钱供他继续上学。

他大学毕业了，在省城找了份不错的工作，把她接到自己身边来。他看起来还是那么年轻，而她因为工作的辛苦已经过早地显出苍老了，看着瘦弱的她，他很心疼，当即让在家里做全职太太。他的工作能力越来越突出，没过几年就升职为副总了，他在外面的应酬越来越多，晚上回来得越来越晚。而她在家里带着小孩，专心做好全职太太。她每天早上很早就醒了，起来为他做好早餐，把衣服找出来为他放在床边，西服总是那么笔挺，袜子总是那么洁白。他很感激她这么多年来对自己无尽的温柔，让他能够安心在外面攀登事业的高峰。可是，当他出了门，看见花花绿绿的世界，难免会花了眼。

他开始整夜整夜地不回家，她也不会追问他去了哪里，只是偶尔会打个电话问他吃饭了没有，当他接到这样的电话，心里会有所愧疚，但是放下电话之后又会把她忘记了。他有一个月没有回家了，她还是带着孩子守在家里。

有一天，他回来了，满身的疲惫。她只是默默地为他洗换下的衣服，在厨房为他煲汤，并从自己的储蓄柜里拿出自己多年积存下来的厚厚的一叠钱。他流着泪，抱着她说："对不起。"她只是拍着他的肩膀，微笑地说："回来就好。"事情的真相她已经知道了，他被骗了钱，工作上因为疏忽而被降了职。

他们又重新回到了往日幸福的日子，他下班了就回家，晚上还会拉着她出去散步。她靠着那有力的肩膀，感觉到很幸福。

那一句"回来就好"比任何一句话都要有力量，一种温柔的力量足以安抚男人胸中那本已经脆弱的心。温柔的女人就是爱的化身，她把爱恋献给丈夫，把慈爱留给孩子，爱在她们身上体现得尤为伟大。有人曾说，上帝创造女人最大的成功，不是赋予她们外表的天生丽质，而是一份女性特有的温柔。对于每一个女人来说，这样的温柔是一种智慧，是一种人生的境界，更是女性独有的气质，是女人柔情似水的展现。

女人的温柔是一尊美丽的雕塑，它是自信、幽默、宽容一点一点地雕琢而成的。很多女人总是想留住自己的青春和美丽，不惜花费自己大量的精力和财力去精心装扮自己，小心呵护自己美丽的容颜。她们不去在乎父母身体健康与否，也不关心身边的人，她们的目光更多的是关注名牌服装或者时尚发型。殊不知，青春和容颜终经不起岁月的沉淀，自己终有一天会老去。而温柔的女人就不会过多地去关注自己的容颜，她们把更多的时间留给身边的人。尽管已经不再年轻，但是她们依然如年轻时候那样温柔，精致，真切，悄悄地关心着身边的人。你可以不再年轻，也可以不再漂亮，但是却不能不温柔，只有温柔的女人，才能收获自己的幸福。智慧女人，做一个人见人爱的温柔女人吧！

眼泪是女人的独家秘籍

曾经有个小男孩问上帝一个问题："女人为什么那么容易哭？"上帝回答说，他在创造女人时给了她们强壮的肩膀以承担世间不可承受之重；给她们温暖的心去爱；也给她们眼泪，因为通过眼泪人们可以看到她们美丽的心灵。对于每一个女人来说，眼泪在某些时候会成为自己克敌制胜的法宝，几乎是自己的秘密武器。当然，这样的秘密武器绝不能随便乱用，智慧的女人总会在关键的时刻流下眼泪，以此博取他人的同情和怜爱，最终使自己的愿望得以成真。

一个小女孩想拥有自己的洋娃娃，但是严厉的父亲却对其进行斥责，于是，那原来天真无邪的大眼睛里会立即充满了眼泪，马上哭起来。这一哭，可让本来板着脸训斥人的爸爸乱了阵脚，他几乎是毫不犹豫地抱着女儿就向商店跑去了。这样的场景几乎每天都在上演，也似乎成为了每一个女人小时候的趣事。当我们还在很小的时候，就懂得如何用眼泪来赚取同情，博得怜爱，甚至为了达到自己的愿望而不惜挤出几滴眼泪来。所以，从小女孩长成大人之后，智慧女人更善于使用这样的小伎俩，耍点小心机，当自己与男友在意见上出现分歧的时候，她就会以自己的眼泪"击败"对方，获取决定的主导权。

《红楼梦》里，贾宝玉曾说："女人是水做的。"当然，这里指的女人是水做的是说女人纯洁如水，而并不是爱哭。而现今男人们所说的女人是水做的，才指的是女人动不动就流泪。女人在高兴的时候也哭，在难过的时候更是哭得稀里哗啦，即便是收到朋友的礼物都会喜极而泣，这就是为什么会用"梨花带雨"来形容女人了。从生理上解释说可能是女人的泪腺比较发达、敏感，而比较浪漫的解释就是女人心中充满了爱。女人的眼泪对于男人来说，就是致命的武器，任谁见了都会忍不住产生一种想呵护的欲望。如果你在这个关键的时候，提出自己的愿望，他一定会尽力满足你的要求，因为没有什么能比换来你的一张笑脸更有价值了。

当然，女人的眼泪再加上语言和身体表达，以此来博取他人的怜爱是一个十分可行的办法，但不是每次都管用。特别是有的女人动不动就哭，一点小事情也会哭，出了大事情更是哭得上气不接下气。这样的女人在刚开始的时候，可能眼泪还会有作用，到后面来对方已经完全厌烦了你这种招数。即便是你哭得再伤心，他也会无动于衷，已经变得麻木了。因此，智慧的女人不仅懂得如何利用自己的眼泪，更懂得掌握好时机。眼泪，是智慧女人的秘密武器，而既然是武器就应该用在最需要的地方，才能体现其价值所在。

楚楚可怜，弱者的姿态获得怜惜

现代社会，越来越多的女人变得精明强干，她们奔波于生活与工作之间，社会已经把她们定义为强者。其实，人们欣赏独立自主的女性，却很难苟同非常强势的女人。事实上，女人偶尔的示弱会更好地帮助你适应环境，建立融洽的人际关系。张爱玲曾经说过，善于低头的女人才是最厉害的女人，越是强悍的女人，示弱的威力就越大。一个女人无论是在生活中还是在工作中，一味地逞强，处处表现自我，甚至锋芒毕露，这未必就是好的。稍有不慎出现了突发状况，而自己又处理不当就会适得其反，使自己陷入不必要的拉锯战中，逐渐失去生活的幸福感，也会给自己的工作带来一些麻烦。因此，有时候适当地示弱不失为一种以退为进的手段，以此为自己争取更多的主动权。

女人适时地示弱并不是弱者的表现，而是为了使自己变得更加强大；女人适当的示弱也并不是为了让人可怜，而是给他人更多疼惜自己的机会；女人适当的示弱并不是为了表现自己的无知，而是为了获得更多学习的机会。智慧的女人，懂得在关键的时刻以一个弱者的姿态获得怜惜，以此取得事业成功的机会，获得家庭温馨的幸福。

小万大学毕业后通过应聘到一家广告公司上班。她在上大学的时候，是一个成绩优异的学生，曾经担任了两届学生会主席，大学连续四年获得了全额的奖学金。虽然，这些傲人的荣誉都将写在她的档案上，但是她明白这已经是过去了，自己工作才刚刚开始，更应该懂得谦虚谨慎。

于是，当她来到新公司报道的时候，处处表现得谦和有礼，赢得了同事和上司的一致认可。她在工作上勤勤恳恳，脚踏实地，即便是在上司的要求下去做一个文件的打印工作，她也会重新检查一遍文件的字样，核对一些信息。等到第二天上司到办公室时，已经看见文件整整齐齐地摆放在办公桌上了。当工作中遇到困难的时候，她也会耐心地向同事和前辈请教，给大家留下一个谦虚、好学、尊重他人的良好印象。她坦然大方地承认自己的无知，却并没有给同事留下"愚笨"的形象，反而让办公室的同事多了信任感，也更愿意接纳她。

小万以工作能力上的突出表现，以及她良好的人缘关系，不到两个月她就独自接了一个广告案子。

很多女人在进入新的公司之后，都会因为自己的高学历处处争强好胜，急于表现自我，其实这样的锋芒毕露的做法往往会使自己陷入被动的地位。另一方面，也会给身边的人留下"目中无人"的印象，自己与上司、同事之间的关系也变得极为脆弱，进而影响到自己的工作效率和工作质量。

撒切尔夫人出任英国首相的第一天，当她参加完就职典礼后就异常兴奋地回到家。走到家门口，敲门声惊动了正在厨房为老婆摆庆功宴的撒切尔先生。撒切尔先生随口问了一句："谁呀？"在门外面的撒切尔夫人不禁有些得意地大声回答："我是英国首相！"结果，她话音刚落，屋里顿时没有了声响，她在外面等了半天也不见有人来开门。

过了一会儿，撒切尔夫人恍然大悟，她清了一下嗓子，重新说了句："亲爱的，开门吧，我是你太太。"门立即打开了，她赢得了丈夫一个热烈的拥抱。

其实，男人天性中就有种保护欲，他们同情弱者，面对女人的示弱会因为怜香惜玉而主动作出让步。女人一个不经意的微笑，偶然间表露出来的娇羞，适时流出的眼泪，都会让男人从心里萌发出怜惜之情。女人适时的示弱会让男人有一种成就感，而如果女人总是表现出强势就会让男人有一种压力。女人示弱，并不是一种软弱的表现，而是给男人更多保护自己、关心自己、呵护自己的机会。

女人并不是弱者，但女人应该学会适当示弱。无论是在工作中还是在生活中，女人都要懂得示弱，当你承认自己无知的时候，其实就是为了掩盖自己的锋芒；当你告诉对方你需要他，没有他你会遇到很多难处时，他就会知道自己的责任而加倍地疼惜你。智慧的女人，会懂得以一个弱者的姿态来获取怜惜，比起逞强换来的疼惜，适当示弱换来的效果要好得多。

女人学会顺势而下，化解尴尬

我们在日常生活中，会遇到由于言语失当或者行为不当而使自己陷入尴尬的情况，这时如果你处理不当，就会使自己越来越窘迫，甚至当场失礼。所以，智慧女人应该"要点心机"，灵活地采取方法，顺利把自己从尴尬的场景中解脱出来。最巧妙的方式不过于顺水推舟，顺势而下，自己找一个台阶下，成功地脱离窘境。其实，在很多时候，难堪境地的出现只是源于一些小错误，只要你灵活地处理，也就一笑而过了。

每个人都难免会犯一些大大小小的错误，不小心揭了他人的短处或被他人揭了短处，做了错事被人发现或发现别人做了错事，自己或他人遭遇窘境变得手足无措，自己无意之中说了一句伤害他人的话或对方说了伤害你的话，这些都是极其尴尬的场景，使你面红耳赤下不了场。在我们处于尴尬或难堪的关键时刻，不如突破常规思维，顺势而为，巧借台阶，瞬间就能把尴尬化解得一干二净。

李老师是小学老师，并担任了班主任。和蔼可亲的她，十分受学生的欢迎。这天，她正在办公室批改作业，突然看见音乐老师拉着班里的学生小明怒气冲冲地走了进来，原来在下午的音乐课上，小明因为和同桌讲话而被音乐老师罚站，可不服气的他当场顶撞了音乐老师，下课后音乐老师就把小明带到办公室里来，希望李老师能够好好教育他。

小明是李老师班上个头比较高的男孩子，平时性格很外向，想说什么就说什么，脾气有点倔。小明看见了办公室的李老师，顿时有点难堪，朝着音乐老师喊："这点小事你就把我带到班主任这里来，你太小题大做了吧！"旁边的音乐老师立即面色通红，没有想到这小孩如此大胆："上课讲话，你认为这是件小事吗？你来学校是干吗的？专门来讲话的吗……"

见两人针锋相对，身为班主任的李老师马上上前一步拉过小明，顺便给音乐老师倒了杯茶。李老师亲切地跟小明说："既然你已经认识到自己的错误了，要不亲自向音乐老师认个错？"小明显得有点理亏，声音很小："我不去，太没有面子了。"李老师慢慢引导："这样好不好，你可以用书信的形式，把你想对音乐老师说的话写下来，交给音乐老师。"小明同意了李老师的建议："好吧，但是我不想见到音乐老师。"李老师微笑着说："当面道歉是真诚与礼貌的表现。你可以叫班级里你最信任的同学，请他陪你一起去。"小明点点头，笑着走出了办公室。

李老师作为一个班主任，她既考虑到了学生容易受伤的心灵，也考虑到了音乐老师的面子。所以，她巧设台阶，使两人顺势而下，化解了尴尬。

尴尬情境是我们生活中不可避免的场景，只是看你怎么来面对它了。有时候，我们稍有不慎就会使自己形象受损，颜面大失，也会使他人感到十分难堪。这时候，不如搭设台阶，顺势而下，既解脱了难堪的窘境，又为大家带来轻松愉悦的气氛。

一位将军在军官俱乐部参加宴会。在大家举杯喝完酒后，一个中士服务员在给将军斟酒时，不小心把酒洒到了将军的秃头上。大家心里一紧，心里都说中士这下完了。中士吓得脸都白了，脸上不自觉地流下了一道道汗水。可是，只见该将军从口袋拿出手帕，擦了擦脑袋，笑着说："小伙子，我这脑袋秃了二十多年，你这个方法我也试过，可是根本不管用，长不出头发来，但还是谢谢你！"在大家一阵会意的笑声中，那个中士感激地流下了眼泪，向将军敬了一个礼，然后退了下去。

这时，大厅里响起了一片热烈的掌声。

如果这位将军怒斥这个中士，只会让场面更加尴尬，也会使那位中士很没有面子。与其怒斥他人，还不如顺势而下，既给了中士一个下台阶的机会，也体现了自己宽阔的胸襟，自然更能赢得部下的尊敬了。

在我们日常生活中，当别人不小心犯了错时，会感到非常尴尬。这个时候，你不妨顺着他的这个错误，通过灵活的方法使对方脱离尴尬的境地，使整个局面得到控制。智慧女人，要懂得与人为善，这样往往会使自己成为最受欢迎的人物。

女人善于审时度势，随机应变

在现实生活中，我们不免会遇到难以预料的情况，如遭受上司的怒斥，同事向上司告黑状、打小报告，使得自己的晋升又泡汤了；或看见难以置信的场景，同事又换新男朋友了，闺蜜的老公在外面和其他的女人约会。那么，如何做一个视而不见却又能达到自己预期目的的女人呢？其实，最简单的就是做一个智慧的女人，学会审时度势，随机应变，多看多听，少说多做，你自然会成为大家都喜欢的女性。

有人曾说，只有安静下来，鸟儿才会落在你的肩头。所以，面对每天层出不穷的事情，不要轻易表明自己的态度，不要轻易表明自己的立场，只有始终保持冷静、清醒和缜密的思考，你才会看到事情发展的最终结果。每件事情的成功与否，都会受到主观、客观因素的处处限制，只有把握住最有利的条件和机会，选择最佳的方式，才能取得成功。在我们生活中，事物都是不断变化的，它所牵涉的各种条件也是不断变换着的，你只有能够随着时间、地点和机会的变化而灵活作出不同选择的人，才能把握事情发展的主导权，进而获得成功。

曹操佩着宝刀来到相府，准备刺杀董卓，见董卓在小阁坐于床上，吕布侍立于侧。董卓一见曹操，便问他为何来得晚。曹操回答说："乘马羸弱，行动迟缓。"于是，董卓即让吕布去从新到的西凉好马中选一匹送给曹操。吕布领命而出。曹操觉得机会来了，即想动手，但又怕董卓力大，难以制服。

正犹豫间，董卓因身体庞大，不耐久坐而倒身卧于床上并转面向内。曹操见状急忙抽出宝刀，就要行刺。不料董卓从衣镜中看到曹操在背后拔刀，急忙回身问道："曹操干什么?"此时吕布已牵马来到阁外。曹操心中不免暗暗发慌，他灵机一动，便表情镇静的双手举刀跪下说："今有宝刀一口，献给恩相。"董卓接过一看，果然是一把宝刀：七宝嵌饰，锋利无比。董卓便将宝刀递给吕布收起，曹操也将刀鞘解下交给吕布。

然后，董卓带曹操出阁看马，曹操趁机要求试骑一下。董卓不假思索便命备好鞍辔，把马交给曹操。曹操牵马出相府，加鞭往东南而去。

事后，董卓才从吕布那里得知原来曹操是来刺杀自己的，刺杀不成所以才选择了献宝刀。从这里看出，曹操无疑是一个非常高明的刺客，在他决定去刺杀董卓的时候，他既想到了成功，更想到了失败后如何保全自身。在曹操眼里，七宝刀可作为刺杀董卓的利器，又可以作为进献的礼物。最为重要的是，曹操懂得随机应变，在刺杀不成的紧急关头之下，他献出了七宝刀，得以保全性命。

在日常生活中，不少女人正是因为缺乏机智，遇事不能随机应变，所以造成后来一连串的错误和失败。有的女人看见新来的秘书与上司之间的不正当关系，就开始在办公室里宣告自己的见闻，唯恐别人不知道；还有的女人，面对同事告黑状的行为，感到异常愤怒，不惜大闹到上司那里去。其实，这些不顾后果的做法只会让自己陷入极端被动的境地，也会给自己的工作带来一些阻碍。

有一个商人，平日里做一些收购糖的买卖。每天向村民们收购完糖后，他总是在家将糖装进箩筐或者麻袋里，然后再运到镇子上或外地去卖掉。在他将糖装进箩筐或麻袋里的时候，总是会不小心掉下一些糖，他却从来不在乎，觉得那点糖损失不了什么。

不过，商人的妻子却是个有心人。她看到每次丈夫分装完糖以后，地上都会撒些糖，觉得很可惜，就偷偷把那些糖重新收起来，装进麻袋里，不知不觉之间居然攒了四大麻袋糖。

后来，有一段时间蔗糖突然短缺，商人很长时间收不到糖，生意一时间没办法做了，几乎蚀了本。妻子想起自己平时存下的糖，就拿了出来，化解了商人的燃眉之急,还小挣了一笔钱。

商人的妻子无疑是聪明的,眼光看得远,趋大利,审时度势,自然能运筹于帷幄之间,取得生意上的成功。萧伯纳说:“聪明的人使自己适应世界,而不明智的人只会坚持要世界适应自己。”学会做一个智慧的女人,学会变通,从而在生活、工作中游刃有余。审时度势,随机应变,在很多时候会使我们尴尬变为融洽,劣势变为优势,使我们在人生的路途上更加从容不迫,也更容易获得成功。

女人善于以子之矛攻子之盾

在我们的身边总是会有少数这样的人,他们总是在你落魄之际来对你进行百般讥讽,在你职位即将晋升之时向你泼冷水,即便是你受了上司一句赞赏,他也会对你冷嘲热讽半天。该如何回击这样的人呢?韩非子曾说:“楚人有鬻盾与矛者,誉之曰:‘吾盾之坚,物莫能陷也。’又誉其矛曰:‘吾矛之利,于物无不陷也。’或曰:‘以子之矛,陷子之盾,何如?’其人弗能应也。”最好的办法,就是以子之矛,攻子之盾,用对方的观点、方法或言论来有力地反驳对方。这样的方法,往往能达到事倍功半的效果。

所谓“以子之矛,攻子之盾”是指利用对方的观点、方法或言论来对对方进行有力的回击。实际上就是巧借敌力为我力,出其不意地突然进攻对方,使对方在毫无防备的情况下晕头转向,失去了招架之功。只要你能在双方交谈的过程中,把握时机,即可达到“四两拨千斤”的效果。在日常生活中,有的人喜欢口出狂言,嗜好挖苦别人,你如果与他正面交锋,只会造成两败俱伤。而“以子之矛,攻子之盾”则可以顺势借用对方的言论来回击他,使他输得心服口服。

一位美国记者在采访周总理的过程中,无意中看到总理桌子上有一支美国产的派克钢笔。那记者便以带有几分讥讽的口吻问道:“请问总理阁下,你们堂堂的中国人,为什么还要用我们美国产的钢笔呢?”周总理听后,风趣地说：“谈起这支钢笔，说来话长，这是一位朝鲜朋友的抗美战利品，作为礼物赠送给我的。我无功不受禄，就拒收。朝鲜朋友说，留下作个纪念吧。我觉得有意义，就留下了这支贵国的钢笔。”美国记者一听，顿时哑口无言。

那位记者本来是想挖苦周总理：你们中国人怎么连好一点的钢笔都不能生产，还要从我们美国进口？结果周总理说这是朝鲜战场的战利品，反而使那位记者颜面丢尽，她简直是自己搬起石头砸自己的脚。在这里，机智的周总理面对记者如此犀利的提问，并没有生气，反而顺着她的问题，把那支派克钢笔的来历娓娓道来，“以子之矛，攻子之盾”，有力地打消了美国记者的嚣张气焰。

有一次，意大利音乐家帕格尼尼为了赶到一家大剧院演出，急急忙忙跨上一辆马车，他一边催车夫快点，一边向车夫问价。马车夫知道他是大名鼎鼎的音乐家，想有意讹诈他：“先生，你要付我 10 法郎。”听到这样的话，帕格尼尼吃惊地问道：“你这是开玩笑吧？”车夫显得有些得意，继续说道：“我想不是。今天人们去听你用一根琴弦拉琴，你可是每人收 10 法郎啊！我这个价格不算多。”帕格尼尼耸耸肩膀，戏谑地说：“那好吧，我付你 10 法郎，不过你得用一个轮子把我送到剧院。”

音乐家帕格尼尼，面对车夫的敲诈勒索，没有生气，也没断然拒绝，而是先同意付款，并按着车夫所说“你用一根琴弦拉琴，每人收 10 法郎”得出“车资 10 法郎，价格不算多”这样荒谬的逻辑，然后，帕格尼尼顺着车夫的逻辑思维提出了一个相应的要求，那就是用一个轮子把他送到剧院，这本来就是一个车夫无法做到的条件，实则就是为了反驳车夫的有意勒索之语，客观上便起到了拒绝勒索的作用。

面对来自他人的讽刺、谩骂以及人身攻击，千万不要恼怒失态乱反击，而应冷静地巧妙反驳。假若你当场发怒，有可能正好中了他的计谋，而且也会使自己形象受损，显得自己很没有风度。与其正面交锋，还不如冷静面对，以对方之语来反驳他，这才是最有力的回击。

第十四章

口吐莲花，做能说会道的女人

作为一个女人，即使你没有美丽的外表，也千万不要为此耿耿于怀，你完全可以凭着自己卓越的口才来为你的美丽增添色彩，为你的魅力加分。毫无疑问，一个女人的外表固然重要，但同样不容忽视的就是女人的说话能力，会说话的女人惹人爱，会说话的女人其实是最出色的。语言是人与人之间交流的载体，语言表达能力的好坏，直接决定了人际关系的和谐与否，进而还会影响到事业的发展以及生活的幸福。特别是对于一个女人来说，会说话的女人不仅能够获取家庭的幸福，更能够使其在事业的道路上平步青云，同时还能为自己增添个性魅力。美丽女人，要学会为语言披上华丽的外衣；练就优雅的谈吐，才能够打动人心；做一个优秀的职场女人，更需要小心地避开办公室的敏感话题；面对男人，有时候需要点甜言蜜语；最为关键的一点就是，女人要把话说到别人的心窝里。

聪明女人，懂得为语言增色添彩

魅力四射的女人，也许并不是天生丽质，而是她善于利用外在的装扮来修饰自己。女人爱美是天性，每个女人都有追求美丽的权利。那些看起来不怎么漂亮的脸蛋，不怎么婀娜的身材，如果穿上高贵的衣服，涂抹出时尚的妆容，走出优雅的气质，那么她就是一个魅力出众的女人。正如漂亮女人需要自我修饰一样，语言也是需要修饰的。如果你只是打扮高贵、妆容精致，甚至嘴唇上的唇彩都熠熠生辉，绽放出夺目的光彩，但是说出的话却是如同白开水一样寡然无味，那么这样只会让你全身的装扮失去颜色。聪明的女人，懂得如何为语言增色添彩，为语言披上一件华丽的外衣，这就大大地增强语言的表现力，也会为自己增添独具个性的魅力。

语言是连接人与人之间的纽带，纽带质量的好坏，直接决定了人际关系的和谐度。但是，语言也有简单和复杂之分，那些言简意赅的语言大多用在科学研究、论文报告等里面，这样的语言大多显得比较枯燥，不讨人喜欢；而那些看似复杂的语言大多用在文学叙述、小说故事等里面，这样的语言大多生动，辞藻华丽，让人一听就喜欢。很多人都有这样的感觉，如果别人只是对你说“你很有气质”，纵然也会使你感到骄傲却没有太大的感觉。但如果别人对你说：“你的气质真迷人，简直令人惊讶。”毫无疑问，你会更加欣喜，因为这种表达更动人，也更精彩。所以，聪明的女人，就要懂得为自己的一字一句增色添彩，使语言变得华丽起来，使语言表达更有力量。

有一家广告设计公司和一家实力比较雄厚的媒体公司进行合作洽谈，广告公司派出的谈判代表是销售部门的李姐，李姐是广告公司里的谈判高手，特别是她那能说会道的能力深得上司的赏识。因此，上司这次特别把这么重要的一次谈判交给她，李姐自然明白自己身上的重担。

谈判一开始，双方都尽力争取各自的利益。直到一上午都过去了，合作洽谈依然达不成双方都满意的协议，谈判没有任何进展，双方就这样互相僵持着。李姐想着这次临出发前上司的叮嘱，不禁有点紧张。

到中午了，双方在事先订好的酒店里一起进行午宴，从僵冷的办公室里出来坐到了餐桌前，大家的心情都轻松了起来。李姐决定说点轻松点的话题，于是，她当即站起来，对双方公司的合作洽谈作了一番别致的介绍："我们两家公司，一家在海南，一家在湖南，可以说是'南南合作'。大家都知道，国际上的南南合作是世界经济发展的共同体。如果我们两家公司能成功地合作，就是联谊发展的姊妹连体。现在，我可以告诉在座的朋友，我们这种秦晋之好的合作将结出丰硕成果。今天正好是七月七，喜鹊已把天桥架通，愿我们天天都在七月七中度过。"

李姐话刚一说完，那家媒体公司的经理就不禁拍手叫好："说得好，说得好啊，就凭你这'南南合作'、'姊妹连体'，咱们的事不必再谈了，我答应你们的合作要求。"

李姐的这段讲话，巧妙地用了比喻，生动地介绍了两家公司的默契合作，甚至对双方公司合作的发展前景都作了形象的预测，寓意十分深刻。我们在进行语言表达的时候，如果巧妙地将幽默、比喻等修辞手法加进去，就可以起到表达具体、形象、生动的作用，这无疑就是为语言披上了一件华丽的外衣。

聪明女人要学会修饰自己的语言，当然，这样的语言修饰并不是不切实际的修饰，也不是进行无限度的夸张，或者纯粹瞎编，这必须是在实事求是的基础之上的。当你想表达某个意思的时候，需要尽可能地使用一些美好的词语，即便是那些不好的意义也要用另外一种容易让人接受的方式表达出来。

宋徽宗写得一手好字，他常问大臣："我的字怎么样？"大臣也纷纷奉承道："您的字好，天下第一。"

有一天，宋徽宗问米芾："米爱卿，依你看，咱俩的字相比，如何？"米芾是书法大家，书法当然胜过宋徽宗，倘若说皇帝第一，必然会委屈自己；倘若夸耀自己第一，必然会得罪皇帝，这还真是个难题。但聪明的米芾突然灵机一动，说："臣以为在皇帝中，您的字是天下第一；在大臣中，臣的字天下第一。"宋徽宗听后心领神会，不禁从心里敬佩这位机智的书法大家。

米芾恰到好处地为语言作了修饰，那就是在"天下第一"前面加了限制，这样既奉承了皇帝，又没有委屈自己，轻轻松松就把问题化解了。有时候，语言的修饰并不是生硬地添加一些华丽的辞藻，而是如何巧妙地运用语言的奥妙来使你的语言更加出色。

美丽的女人不仅仅要学会如何装扮自己，更需要懂得如何修饰自己的语言。在复杂的人际交往中，女人的身份也会随着环境的不同而变得不同，她有可能是母亲，有可能是女儿，有可能是妻子，有可能是姐姐，也有可能是妹妹，有时候是上司，也有可能是下属。在这些众多的不同角色中，要学会把握好语言的表达，适时为语言披上华丽的外衣，这样才能把自己的角色塑造得更加完美。

美丽女人，谈吐优雅打动人心

女人优雅的谈吐，是女人聪明、有教养、才智的表现。一个美丽的女人，如果只会讲出满口粗俗的话，一定会令人失望；而如果是一个既不美丽又满口脏话的女人，她走到哪里都会令人厌恶的。优雅的谈吐，是女人高雅脱俗内在精神气质和修养的直接体现，是女人全身绽放的无尽魅力。谈吐自如是一种风度，笑对群儒是一种境界，巧舌如簧是一种能力。而女人优雅的谈吐更是体现出其内涵，当女人在开口说话的瞬间，她的优雅气质就会让人一览无余。

语言是人与人之间进行交际的工具，也是人们表达意愿、思想感情的媒介和符号。语言可以反映出一个人的道德情操、文化素养。我们在与他人交往中，如果能做到言之有礼，谈吐优雅，就会给人留下良好的印象。反之，如果你满嘴脏话，甚至恶语伤人，就会令人反感讨厌。对于一个女人来说，说话不宜咄咄逼人，也不要与他人进行舌战，当然这也并不意味着就应该忍气吞声，没有一点反驳和辩解的权利。优雅的女人总是说话有条不紊，即便是面对他人的质问，也能有胆量、有胆识地应答如流，她们走到哪里都是受欢迎的。女人的优雅谈吐还体现在谦虚礼让中，女人言谈应该落落大方，讲话文明，能够耐心地倾听他人讲话，千万不要随意打断别人的话，也不要随便接过他人的话。正所谓“谦受益，满招损”，懂得谦虚礼让的女人体现了良好的修养，而有修养的女人才能得到更多人的尊重。

王伟老师是南京一所高校的教授，一天，他正在办公室里备课，有人敲门，他习惯性地说了声请进。抬头一看，是一位女生，但是他并不认识，他想也许是找别的老师的。但是那位女生四下看了看，张口就问道：“王伟呢？”

这话一出口，办公室里的老师都愣了一下，都往王伟这里看，王伟心里也很纳闷，在学校里这么多年，还没有谁直呼其名的。他脸色微微一变，但还是有礼貌地对她说：“我就是，找我有什么事吗？”

那位女生大大咧咧地说：“噢，你就是王伟呀，我可早就听说过你了，我是某某教授的学生，我的论文你给我看一下！”

王伟到底是个大学教师，还是比较有涵养，看到这个学生这么没有礼貌，并没有发火，只是随口说道：“那你就放那里吧！”

这名女生就把自己的论文往他的桌子上一扔，说：“你快点看呀！后天我们要论文答辩，你可别耽误我的事！”

王伟再也无法忍受，说：“请问你是找人办事还是下达命令呢？你的论文拿走，我没有时间给你看！”

这位女生表现得毫无礼貌，并且习惯于出言不逊，这样的女人已经不再优雅了，自然也就不会得到他人的喜欢。有位名人说：“生活中最重要的是有礼貌，它比最高的智慧、比一切学识都重要。”所以，女人要想拥有优雅的谈吐，那就必须先学会礼貌待人。

当然，想要练就一口优雅的谈吐，并不是一朝一夕就能够成功的。一个女人优雅得体的谈吐不仅仅需要注意说话的语速、语气、语调，还需要注意说话的内容要看场合，切忌在公众场合高谈阔论，手舞足蹈。除此之外，女人讲话可以适当地使用肢体语言，来增强语言感染力，但是也不宜过多。下面我们就简单地介绍优雅谈吐需要注意的几个方面。

1.态度恳切、亲切

说话本身就是向他人传递思想感情的，所以千万要注意你说话时的神态、表情，一定要保持恳切、亲切的态度，这样才会给人一种表里一致的印象。当你向他人表示出赞美的时候，如果嘴上说得十分动听，表情却显得冷冰冰的，那么对方一定会认为你是在敷衍而已。

2.用语谦逊、文雅

当你在与人交流的时候，需要多用敬语、谦语和雅语，这样才能体现出你的文化素养以及尊重他人的良好品德。一句脏话可以让一个穿着端庄、容貌美丽的女人形象瞬间大打折扣。因此，作为女人，你一定要远离这类话语，而使用一些谦逊、文雅的词语。当你称呼对方时要用“您”、“先生”、“小姐”；当你需要询问对方姓名的时候，需要用“贵姓”代替“你姓什么”。

3.声音大小适当，语调平和沉稳

当你在与人交谈的时候，无论是普通话、外语、方言，咬字都要清晰，音量要适度，只要对方能够清楚地听见你的话语，千万不要大声说话。语调要平稳，尽量不用或少用语气词，这样会使对方感到亲切自然。

优雅的谈吐是一种艺术，女人的声音不一定好听，但一定要有艺术。女人优雅的谈吐就像是富士山冬天的雪，洁白无垠，又如山中的清泉，激荡岩壁，余音袅袅。谈吐是女人风度、气质和优雅的表现，更是一个女人魅力的彰显，说话像泼妇骂街、唠唠叨叨、说三道四、粗俗不堪的女人只会让人厌倦。聪明女人，懂得用自己的优雅谈吐来打动人心，为自己增添无尽的魅力。

职场女性，避开办公室敏感话题

作为职场女性，我们最好是少说话为妙，以避免言多有失，祸从口出。有时候，那些不善言辞、沉默寡言的女人固然给人一种不合群、孤僻的感觉，但与那些整天喋喋不休的女人比起来，后者更令人讨厌。办公室是个极其微妙的地方，它看似表面平静如水，实则暗藏着不少看不见的利器。因此，作为一个职场女性，说话要有分寸，你要知道哪些话可以说，哪些话不能随便乱说。而会说话的女人即便是善于言谈，也要懂得适可而止，该保持沉默的时候就要保持沉默，更应该小心避开那些办公室的敏感话题。

有句话叫作“祸从口出”，职场女性要学会谨言慎行，平时在与同事的交往中一定要把好口风，什么话该说，什么话不该说，什么话可以信，什么话不可信，都需要“三思”，在大脑里多绕几个圈子，心中有个衡量，这样才能与上司、同事和谐相处，避免犯下不可挽回的错误。办公室里都是人多的地方，自然而然就会有闲言碎语，有时候，你可能不小心冒出一句话而得罪了同事，有时候，你也可能无意中成为别人攻击的对象。每一个职场女性，都不要在背后说人闲话，这是职场大忌。

总公司的销售经理王乐最近才到分公司来指导工作，与下面的同事都还不是很熟悉。为了与同事之间建立融洽的关系，有助于进一步完成自己的工作，她在来公司的第一个周末就邀请同一个部门的同事一起吃饭。

大家在吃饭的时候，不知道是谁无意间谈起来了一位刚刚离职的副总经理张慧，入职不久的小李心直口快地说张慧脾气不好，经常无故对下属发脾气，很难相处。这时候王乐插了一句：“是吗？是不是她的工作压力太大造成心情不好？”小李撇撇嘴，说：“我看不像是工作压力大的原因，三十多岁的女人嫁不出去，既没有结婚的兆头也没有男朋友，老处女都是这样的，显得有点心理变态。”说完，一个人笑了起来。可是，在座的同事听了小李的话,刚才还争相发言的同事都闭上了自己的嘴巴。因为,除了入职不久的小李,在座的很多老员工可都知道,王乐也是一位还没有结婚的老姑娘。这时,好在一位同事及时转换话题,才抹去了王乐隐隐的难堪。

饭后,小李从老员工那里得知了事情的真相,不禁为自己那句话悔青了肠子。

心直口快的小李并不是有意去揭他人的伤疤,她内心里根本就没有这样的想法。但是由于自己是一个职场新人,对公司的很多情况都不了解就开始随便说话,这就会无意中伤害到身边的同事,进而也会对自己的职场生涯发展极为不利。

聪明的女人,要学会小心避开那些办公室的敏感话题,远离那些流言蜚语,远离那些办公室绯闻,远离是非之地。因为一不小心,你就会成为其中的一员。不要等麻烦引上身,祸乱来临,你才会追悔莫及。所以,当你在踏进办公室的时候,就需要了解哪些问题是不该问的,哪些话是不该说的,这样才会有备无患地在职场中应付自如。为了能让聪明的女人小心避开那些办公室的雷区,下面我们就简单地介绍几个常见的办公室敏感话题。

1.家庭财产之类的话题

有的职场女人太坦率了,遇见关系不错的同事就会把自己的家底全部显露出来,或是谈论自己刚刚在郊区买了房子,或是自己利用假期去国外旅行了。当你在滔滔不绝地进行谈论的时候,也许你心里正洋溢着无尽的骄傲和自豪,但其实这些关于你自己家庭财产之类的话题没有必要拿到办公室来炫耀。因为这些快乐,分享的圈子越小才越好,当你自认为自己很了不起的时候,小心旁边同事投来的嫉妒目光。因此,无论你是显富还是哭穷,在办公室都会显得很做作,与其讨人嫌,不如知趣一点,不该说的话不要说。

2.薪水问题

很多公司会根据员工不同的情况来发放工资,这就造成了同事之间的工资会有所差别,而发工资的时候,老板都是各自联系,并叮嘱不让他人知道。于是,办公室里就会出现类似“包打听”的人物,他们总是千方百计地想知道你的薪水是多少。关键的一点是你千万不要向同事打听对方的薪水秘密，当同事向你打听的时候，你也要采取措施保护自己。当他把话题尽可能地向薪水问题上引时，你要尽早打断他的话，说公司有纪律不谈薪水。如果他已经问出口了，你也可以直接拒绝：“对不起，我不想谈这个问题。”这样，他就不会再问你第二遍了。

3.个人隐私话题

每个人都有个人隐私，职场女人不要因为一时的情绪激动就向同事吐露你的心事，无论你是失恋了还是热恋了，都不要把情绪带到工作中来。这不仅会影响你的工作也会影响他人的正常工作。而且这些隐私还有可能成为某些别有用心的人攻击你的武器。职场女人要学会保护自己，把自己的个人隐私当成办公室话题的禁区。当然，“己所不欲，勿施于人”。你也千万不要去打听别人的隐私，即便是在下班休息之余，也尽量别聊私人问题，别在背后议论公司里的是非短长。

4.表露自己的野心

很多职场女性一遇到工作上的难题，就会抱怨连天，甚至在办公室大谈自己的理想。其实，你作为一名员工就该尽心尽责地把自己的分内工作做好，而不是整天在办公室念叨“我要当老板”，你这样宣言就很容易被上司当成敌人，或者被同事看成异类。因为每个人都有在事业上的野心，但是这些壮志雄心的话还是回去跟家人或者朋友说，而不要说给同事们听。做人要放低自己的姿态，这才是自我保护的最好办法，你的价值更多的是体现在工作效率、工作质量上，而不是说了多大的话上。

因此，职场女性在办公室说话要讲究技巧，避开办公室敏感话题，该说需要三思而后说，不该说的话千万不要随便乱说，以免给自己招来麻烦。

女人用柔情蜜语打动男人心

贾宝玉认为女人是水做的，清爽高贵，极具本色味，静若清池，动如涟漪，柔情似水。柔情蜜语是女人最本质的特征，也是女人最本色的体现。即便是再漂亮的女人，如果不懂得柔情，那就没有女人本色的味道。李渔曾经说："女人有态，三分漂亮可增加到七分，女人无态，七分漂亮可降落到三分，它如火之有焰，如灯之有光，如金银之宝气。"这里所说的态是伴随着女人一生的，也就是我们常说的女人味，而柔情的女人无疑是最具有女人味的。男人纵然是钢筋铁骨，若是听到了女人的柔情蜜语，也许仅仅是一声低唤，也许只是一句体贴入微的话语，都会让男人心甘情愿地跌落到她的陷阱里，醉倒在她的柔情蜜语中，不愿醒来。聪明的女人，懂得善于运用自己的柔情来打动男人心，让男人都拜倒在自己的石榴裙下。

实际上，有时候男人更需要来自女人的体贴关爱。正是女人的柔情才会显示出男人的刚强，正是蜜语才能够融化男人那颗坚毅的心，因此，柔情蜜语的女人能够轻松地征服男人心。再坚强的男人也需要女人的柔情，需要一个温馨的港湾停靠。而幸福的女人不但拥有自己的事业，自己的生活，更应该有一份呵护和疼爱。真正有女人味的女人，应该是一个懂得体现柔情的女人，而不是一个铁面冷酷的女人。

小李和小王是一对惹人羡慕的情侣，他们一起经过了相识相知的路程，那看似平淡的爱情背后却隐隐透露着无尽的光芒。

他们俩是同一个部门的同事，小王是一位文静、内向的女孩，长得不算漂亮，皮肤有点黑，眼睛也不大，平时话也不多。刚开始的时候，小李根本就没有把小王看在眼里，只是觉得她还挺文静的。偶然间，他们也会在一起谈谈工作、生活，小王说话总是柔声细语，这让小李感觉很受用，但是并没有喜欢的感觉。

有一次，小李因为家里有事请了一天的假，但就是那天公司总部的经理来到分公司对管理上的措施进行了一次工作会议。在家里得知情况的小李觉得有些遗憾，想到自己错过了一次学习的机会就显得很懊恼。等他第二天来到办公室，远远就看见自己办公桌上有个蓝色的笔记本，他打开一看，就看见笔记本上密密麻麻地写满了整个会议的记录，看见那熟悉的字迹，他就想到了小王。他向坐在对面的小王投去感谢的目光，却看见小王那张灿烂的笑脸，这让小李心里禁不住一动。

后来小李与小王有了更深一步的交往，渐渐被小王那柔情所感动，进而与小王成为了一对恋人。

小王用柔情打动了小李的心，最终摘取了幸福的果实。其实，在很多时候，女人并不知道柔情的力量，她们常常为了维护自己在男人心中的地位，就开始抛弃柔情，对男人颐指气使，动辄大声呵斥，显示出女性最粗糙的一面，这样只会适得其反。一纸婚约无法永远守住一颗心，也没有哪份爱情会长久常新，婚姻本来就是激情之后的冷却，必然会走向平淡无味。但是，每一段感情都是可以经营的，只要你用心，用你的柔情蜜语呵护爱情，哪怕是轻轻地一抚，再强悍的男人也会被征服的。

女人懂得把话说到人的心窝里

一个能说会道的女人不仅仅是要会说话，而且要懂得说什么样的话。如果她总是在聊天的时候说些没有多少营养的笑话，或是随便胡扯些鸡毛蒜皮的琐事，那么别人一听就会觉得很无聊，更不会对她产生好的印象了。聪明的女人，懂得如何把话说到对方的心窝里，恰到好处地赞美，往往更能打动人心，也更招人喜欢。很多女人一见面，所谈的话题无非就是“今天的天气怎么样”或者“最近在忙什么”等，只要你听到这样的话题，就可以毫不犹豫地判定出对方是一个不善言辞的女人。当我们在与人交谈的时候，能够给对方留下一个好的印象这是十分重要的，如果你总是向对方说一些他毫无兴趣的话题，他就会感到索然无味，对你自然没有什么好的印象。因此，聪明的女人，就要懂得该说什么样的话，如何把话说到对方的心坎上。

曾经有位在社会上工作十几年的女士表示："最好的方法是把话题先从对方身上谈起，比如服装、发式、化妆等，特别是对于那些初次见面的人来说，他们都很想知道别人对自己的评价。"其实，事实证明确实是这样，当你见到一位女性朋友的时候，你不妨对她说："你的头发是在哪里做的？真是好漂亮，这个颜色非常适合你的皮肤和脸型。"那么，她一定会对你有所好感，并且十分乐意向你推荐那家不错的美发店。而你也能令她在愉快的交谈中，建立起对你的信任。

在这座城市里的502公交车上，有一位被大家所熟知的模范售票员肖玲，在她身上，不仅有着全心全意为乘客服务的热情，更有感人肺腑的语言。从她嘴里所说出的每一句话，都如同冬日里的暖阳，深深地打动乘客的心弦。虽然，她所从事的工作仅仅是一个微不足道的售票员，但是她依然在平凡的岗位上做出了不平凡的工作业绩。

有一天，公交车上乘客很多，而恰在这时又上来一位大腹便便的孕妇。于是肖玲就像往常一样对乘客们说："哪位朋友给这位即将做妈妈的女同志让个座儿。"但她连喊了两次，都没有人搭理，更别说主动让座了。肖玲没有着急，她慢慢地扶着孕妇，用期待的目光看了看坐在窗边的几位年轻人，提高了嗓音："您先往里走走，那边靠窗坐的几位年轻人都想给您让座儿，可就是没有看见您。"肖玲话刚说完，"呼啦"一声，几位靠窗的年轻人都不约而同地站了起来让座。

这位孕妇坐下来之后，只顾着喘气定神，却忘记了对让座的年轻人道谢，年轻人立即面露不悦的神情。肖玲看在眼里，心中明白，她不禁笑了起来："现在的年轻人真是不一样了，今天可得好好谢谢这位热心的小伙子。"肖玲一句话提醒了孕妇，她连忙向那位年轻人道谢："谢谢你，谢谢你。"那年轻人听到了“谢谢”，连声说：“不客气，应该的。”

美国著名的哲学家詹姆斯曾经说过：“人类天性的至深本质就是渴求被人重视。”肖玲的几句话为什么会产生这么大的魔力？因为她比较了解乘客的心理，只有充分了解别人的心理，才能把话说到他人的心窝里。

在现实生活中，我们不难发现，那些会说话的女人说出来的话总是能够讨人欢心，让对方能够心甘情愿地接受，并且心里也很舒坦。即便是评价同一个人，不同的女人说出来都会产生不同的效果。有人会说：“她皮肤很白，但是长得太胖了。”有人会说：“她虽然很胖，但是皮肤很白。”毫无疑问，谁都会喜欢第二种说法，虽然两句话所表达的意思都差不多，但是句子的排列不一样，就会导致你们接受的先后顺序不一样。而后者必定是让人容易接受的一种，由此可见，只要我们稍微改变一下说法，就会产生出完全不同的效果。

有时候，同样的一句话，在会说话的女人嘴里，就如同一颗甜蜜的糖果，而到了不会说话的女人嘴里就有可能会变成一把伤人的尖刀。因此，聪明女人在与人交谈的时候，要想把话说到对方的心窝里，就要了解对方的心理需要，维护其自尊心，只要你做到这一点，你就能够获得对方的信任。换句话说，就是我们在说话的时候，要经常注意转换角度，善于从对方的立场上思考问题，进而了解对方心里的想法，切合其心理说出恰当的话语，获取对方的好感。

嘴巴甜的女人讨人喜欢

有的女人是交际王国的一朵花，引来无数的蜂蝶为之着迷；有的女人是众多娇媚中的万人迷，每个男人都愿意为她牺牲奉献；有的女人是父母的贴心小棉袄，无论走到哪里都被牵挂着。这样的女人无疑都成为了大赢家，无论是在生活中还是工作中，她们都能够如鱼得水、应对自如，其中的原因不是在于她们姿色出众，而是在于她们的嘴很甜。似乎抹在她们嘴上的并不是闪亮的唇彩，而是丝丝蜂蜜，所以从她们嘴里说出的话都是甜的。对每一个女人来说，她们本身就拥有天生的交际能力，如果再有一张很会哄人开心的嘴巴，那么必定成为众星捧月的万人迷。嘴甜，是最轻松的交际方式，或许你只要开口说几句赞美的话，就能够心想事成，就能博取他人的好感。

赞美之辞对于这个世界上的人无一例外都很受用，每个人都渴望被除了自己以外的人所肯定，甚至以此来满足内心极大的虚荣感。而嘴巴甜的女人会凭借对他人适时的赞美来获得好人缘，这是毫无疑问的，几乎可以这么说，嘴巴甜的女人与好人缘的概率堪称绝对的正比。也许有人会对那些嘴巴甜的女人嗤之以鼻，认为她们的行为有阿谀奉承之嫌。其实，这样的理解有很大的偏差，嘴巴甜并不就是奉承逢迎、拍马屁。嘴巴甜也可以是该赞美的时候赞美，适时地表现出自己的关心，对于对方关心的事情也表示关心，该有礼貌的时候有礼貌，即便是你想表达一种不好的意思也要用容易让人接受的方式说出来。即便是那些不善言辞的女人，也可以在关键的时候凭着自己的甜嘴巴讨人喜欢。因为，虽然她说的少，可是只要字字珠玑，那么一开口就能给人一种如沐春风的感觉。

嘴甜，无疑是融洽人与人之间关系最适合的催化剂。也许只是一句不经意的真情表露，就会使紧张的婆媳关系得到化解；也许只是一句轻轻的赞美，就可以使你的爱情婚姻更加美满幸福；也许只是一次肯定，就会让朋友对你好感倍增。因此，聪明的女人要学会为自己的嘴巴抹点蜂蜜，养成赞美的习惯，做一个好人缘的甜嘴女人。

做一个嘴巴甜的女人，对父母要拿出自己哄孩子的耐心，经常打电话关心问候一下，偶尔开几句温暖的玩笑，他们会觉得你是世上最孝顺的女儿；做一个嘴巴甜的女人，对爱人要多赏识，多鼓励，让他觉得你是最体贴最懂事的宝贝；做一个嘴巴甜的女人，对朋友要多肯定他的长处和优点，他会觉得你是最珍贵最难得的知己；做一个嘴巴甜的女人，对同事要肯定对方的能力，他会觉得你是最热心最上进的竞争良友。其实，做一个嘴巴甜的女人，需要的成本并不高，只要你开口就能受益，因此，适合每一位渴望讨人喜欢的女人。

妙用自嘲，化尴尬为融洽

在平时的交际中，难免会出现我们预料之外的事情，这让我们无法掌控事情的发展，稍有不慎就会陷入极端尴尬的境地。你认为对方喜欢喝茶就约他去茶楼，却在谈话间偶然得知他是喜欢喝咖啡的；当你在公众面前正准备好好表现一番的时候，却不料自己出了件糗事；当大家聊天正在兴致上的时候，你突然说错了一句话，使整个热闹的场面冷了下来。当这样的情况出现的时候，你原来已经准备好的应对措施已经完全忘记了，也许你一下子就陷入难堪的窘境，恨不得找个地缝钻下去。而会说话的女人就会妙用自嘲，化尴尬为融洽。

自嘲就是自己开自己的玩笑，自嘲并不是自贬身价，也不是自轻自贱，更不是为了自取其辱。其实，自嘲是一种自我谦虚，是自我曝光缺点，也是自我的一种调节，所以自嘲不同于那种低级趣味的玩笑。林肯曾经拿自己的长相开玩笑："一个妇女说我长得丑，我申辩说不能怪自己，那位妇女反驳说，原来不怪你，但是你出门就怪你了。"当我们听完林肯这番自嘲后，谁会觉得林肯丑呢？人们只是会觉得他很可爱，非常平易近人。自嘲是一门艺术，它不仅仅是为大家带来了快乐，同时也愉悦了自己的心情。聪明的女人懂得自嘲，因此她们在与人相处时常常能建立极为融洽的关系，使自己更加受欢迎。

在罗勃特·欧尔本的一次演讲中，一位听众无理地指责他，说他对某个问题的见解很愚笨。罗勃特·欧尔本是这样回答的："给你们讲个故事。有一次我上街，一辆汽车尖叫一声，然后在我面前刹住，开车的那位先生甜甜一笑,对我说,'我是为了保护动物而刹车的——你这笨驴!'"全场听众捧腹大笑,不能不为他的睿智所折服。

罗勃特·欧尔本妙用自嘲的方式成功了转移了听众的注意力,化解了自己的尴尬,并且以退为进,这样就会让听众更加欣赏他的率直和幽默,而他也取得了演讲的成功。

当然,妙用自嘲的女人必定是热爱生活,并且拥有一定生活情趣的人。如果你没有对生活的那种热情,就不会去发现自己的可笑之处,也不会觉得自己身上有什么可笑的,更不会通过自嘲的方式来挖掘出自己的可笑之处。因此,那些不热爱生活的女人,她们不会去找快乐,更不会在自己身上找乐,她只会通过取笑他人来获得快乐,而这样的女人是不受欢迎的。自嘲的基础其实就是自信,不自信的女人是没有办法拿自己开涮的,有了满满的自信,才敢自曝家丑。著名小品演员潘长江,身材矮小,但不自卑,自称"袖珍男子汉",常拿自己的身高开玩笑,一句"凡是浓缩的都是精品",成为一种自信的象征,自嘲的标志。

著名的女主持人杨澜,当她还在担任《正大综艺》节目主持人时,曾被邀请为某市的一次大型文艺晚会担任主持人。

出乎意料的是,在演出晚会到中途时,杨澜不小心在下台阶时摔了下来。在这种大型场合出现如此情况,的确令人尴尬。但杨澜非常从容地爬了起来,凭着她主持人特有的口才,对台下的观众说:"真是马有失蹄,人有失足呀。我刚才的狮子滚绣球的节目滚得还不熟练吧?看来这次演出的台阶不是那么好下哩!但台上的节目会很精彩的,不信,你们瞧他们。"

杨澜这样几句自嘲式的即兴讲话十分成功,她使自己成功地脱离了尴尬的窘境,更加显示出了自己卓越的口才能力。所以,她话音刚落,会场就立即爆发出异常热烈的掌声。

俗话说:"人生不满百,逆境常八九。"当出现这种情况的时候,聪明女人要学会面对现实,及时调整好自己的心态,需要"拿得起,放得下,想得开",在尴尬气息充斥身边的时候,不妨对自己来点自嘲,化解矛盾,平衡自己的心理，把自己从窘境中解脱出来，使自己获得身心健康。自嘲，是聪明女人的惯用技巧，会说话的聪明女人更懂得以自己为对象来取笑，以此来消除误会，化解尴尬，快乐他人，并获得自尊自爱。在很多交际场合，女人妙用自嘲可以增添情趣，融洽气氛，拉近彼此的距离。

第十五章

闺蜜相处，做真诚贴心的女人

每个女人都会有几个最亲密的朋友，那就是闺蜜。闺蜜，就是闺中密友，就是与你无话不说无所不谈，说悄悄话的密友。闺密就是完全不顾你的妆容，你的心里受了挫折、受了很大的伤痛，或者与爱人之间出现矛盾了，依然陪伴在你身边的人，你可以在她面前哭得一塌糊涂，然后把纸巾扔满地。闺蜜对于每一个女人来说，是一种情感上的陪伴，也是最贴心的知己好友。作为一个女人，你要学会与闺蜜相处，进而做一个能交心的女人。对待闺蜜，需要付出真情，才能获得真心；尊重对方的隐私，才能获得信任；当朋友取得了不错的成绩，送上最真诚的祝福；当朋友陷入了困境，递上关怀与帮助。女人要珍惜与闺蜜之间的友谊，因为这是一生的财富。

对朋友付出真情，才可获得真心

朋友之间，贵在真情，你只有付出了真情，才能获得朋友的真心相对。真情是架在朋友之间的一座心灵桥梁，更是打开朋友心灵之门的一把钥匙，你只有付出绝对的真情，才会赢得最真心的朋友。相信每一个女人都有自己的闺蜜，陪着自己逛街聊天，彼此之间无话不说无所不谈。当自己开心的时候，与闺蜜分享快乐；当自己悲伤的时候，闺蜜总是能够陪伴在自己的身边，陪你度过最艰难的日子。而维系朋友之间的就是真情，只有真情才会换来真心的回报。人与人之间的交往都是相互的，我对你报以真情，你对我还以真心，而这恰好构成了最纯洁珍贵的友谊。所以，你要想拥有绝对真心的闺蜜，就必须先付出你的真情。

闺蜜，就是在你受伤了可以诉说和躲闪的地方，是可以把你当孩子一样呵护的人。当你面对失落、最不开心的时候，闺蜜也会没有任何怨言地给你帮助，而不会跟你计较太多。有了闺蜜的陪伴，你会在林荫道上越走越宽，就好像多了一个情同手足的姐妹。闺蜜是女人不可缺少的朋友，也是最贴心最亲密的密友。你可以在无聊的时候，约上她一起逛街淘宝；在伤心的时候，向她诉说悲苦；在困难的时候，获得她的陪伴。她们可以是我们情感的咨询师，可以是时尚的引领者，更是漫漫人生的知己。但是，这样的闺蜜都是需要我们付出真情才可以换来的，既然你渴望拥有真心的闺蜜，那么，首先你就必须付出真情。

小丽与娜娜是大学同学，又住在同一个宿舍，有缘的是两人居然是上下铺。所以，她们成了一对形影不离的好朋友。小丽来自偏远的农村，穿衣打扮很土气，但人很善良朴实；娜娜的父母是做生意的，家境优越，经常穿着满身名牌，人又长得漂亮，唯一的缺点就是太喜欢表现自我。

娜娜常把自己的名牌服饰送给小丽，还把一些精美的化妆品送给她。小丽在娜娜的装扮下，日益靓丽起来，但她骨子里还是个淳朴善良的姑娘。

有一次，娜娜准备在家里举办一个生日宴会，第一个就邀请了小丽，小丽很激动，心里想着该送什么礼物好呢，但自己身上已经没有多少钱了，于是，她就利用周末的时间去做兼职。辛苦了两个周末，她拿着手里的几百块钱来到了化妆品专柜，为娜娜购买了昂贵的化妆品。

娜娜生日那天，小丽早早地来到了娜娜家，把精心包裹的化妆品递给了娜娜。娜娜亲热地搂着小丽，喜笑颜开。小丽不禁笑着说："打开看看吧，看你喜欢不？"娜娜兴奋地打开礼物盒，看见里面的化妆品，脸上有点不悦："丽丽，你怎么买了这个牌子？这个牌子不好啦，也不适合我的肤质，还是你拿回去自己用吧，化妆品我有的是。"小丽脸上有点挂不住，讪讪地笑了笑。过了一会儿，小丽去洗手间，无意之中听见娜娜向妈妈抱怨："唉，还以为小丽给我准备了什么好礼物呢，却是上不了档次的化妆品，亏我对她那么好，看来她还真是个土里土气的农村丫头。"虽然娜娜放低了声音，但还是被小丽听到了。

生日宴会之后，小丽刻意与娜娜保持了距离，往日的友谊已经不在了。

娜娜以物质来评判衡量友谊，并在妈妈面前抱怨朋友的不是，似乎还振振有词，所以最后她失去了小丽这个好朋友。朋友之间的珍贵友谊是真情维系起来的，绝对是无价的，既不能用金钱来衡量，更不是带着某种功利性的。朋友之间没有贫富之间的差别，也没有卑贱之间的区别，只有彼此站在同等的位置，才能建立起真挚的友谊。

真情是友情的催化剂，也是良知的信使，只有用真情才会换来真心的朋友。朋友之间不必计较获取的多与少，也不必有太多的功利存在其中。在这个色彩缤纷的世界里，友谊是这世界上那道最朴实、不加修饰的美丽风景。朋友一个善意的眼神，一句温情鼓励的话语，都会给你的心灵投入温暖的阳光。朋友之间，贵在真情，友谊是越陈越香，在你与闺蜜相处的长时间里，彼此之间的真情是最重要的依靠。如果你对朋友没有了真情，那么彼此之间只会出现猜忌或怀疑，这样你们之间的友谊就很难维系下去了。不论在什么样的情况下，你都必须以真情地对待朋友，相互理解，相互尊重。在你危难或需要帮忙的时候，愿意不顾一切伸出援手的人，才是真正的好朋友。好朋友不仅仅是锦上添花，更要雪中送炭，这样的朋友才是真朋友。

真诚为朋友的成绩祝福，做个交心的闺密

朋友之间因为亲近而增进了友谊，也会因为亲近而心生妒意。也许很多人都有这样的心里历程，越是亲近的朋友有了成绩，你心里就越不舒服。因为朋友之间太过熟悉，免不了就会互相比较、互相攀比。可能你们之间的资历都差不多，相貌也差不多，但是工作和生活上的不同遭遇却是大相径庭。也许相貌平平、学历一般的她却找了各方面都不错的老公，而你却还是孤身一人；也许她与自己的工作能力不相上下，但她马上就要晋升为主管了，而自己还是一个普通员工。这样的相比心理，都会使自己产生一种嫉妒的情绪。也许在我们每个人的心里都有个魔鬼，那就是见不得别人比自己过得好，比自己有出息。其实，当我们对朋友的成绩萌发出嫉妒或是敌意的时候，我们的情绪已经开始倾向于不良心理了，这时候应该及时调整我们的心理，大方地为朋友送上真诚的祝福，做一个可以交心的闺密。

东周时期，管仲和鲍叔牙是一对好朋友。管仲有治理天下的才能，鲍叔牙很敬佩他。两个人一起做买卖，分钱时管仲总是多拿一倍，鲍叔牙的手下人替主人抱不平，鲍叔牙却说："管仲不是贪财，而是家里贫困需要钱用，这是我自愿让他多分的。"管仲随兵打仗，每到冲锋陷阵的时候，就跑在后面，等到撤退的时候，又总跑在前边。大家都笑他胆小，鲍叔牙却说："管仲家有老母需要他奉养，绝不是贪生怕死。"管仲听到后感叹："生我者父母，知我者鲍叔牙呀！"

后来，管仲辅佐齐公子纠，鲍叔牙辅佐公子小白，最终公子小白做了齐桓公。鲍叔牙想方设法把囚禁在鲁国的管仲救出。当齐桓公要委任鲍叔牙为相时，鲍叔牙力谏桓公摒弃前仇，重用比自己更胜任的管仲。齐桓公重用管仲为相，尊为仲父，使齐国迅速强大起来。管仲做相时，向国君举荐了五

位有才识的大臣，其中并没有举荐他的好朋友鲍叔牙。

在管仲临死的时候，齐桓公问仲父：“你死后谁可为相呢？鲍叔牙怎么样？”管仲答道：“鲍叔牙虽然是个君子，但为人善恶过于分明，看见人的缺点，总念念不忘，这怎么能管理朝政呢？”当时有个奸臣叫易牙的，跑到鲍叔牙那里挑拨是非，“管仲能做相国是您推荐的，现在他却说您不行，连我都为您抱不平。”鲍叔牙笑着说：“这才是我推荐管仲的原因呀，他首先想到的是国家安危而不是朋友的私交，假若我真做了司寇，就要铲除奸佞，到那时你还有容身之所吗？”

自古以来，鲍叔牙举荐管仲的磊落胸襟成为千古美谈。相反，如果作为朋友的鲍叔牙也妒忌管仲的才能，不能容忍管仲比他强，比他的官做得大，刁难甚至陷害管仲。那最终的结果就是害人害己，也不会有强盛的齐国了。所以，当我们的朋友取得了成功，甚至远远地超越了我们的时候，你要学会为朋友的成绩送上真诚的祝福。

苏格拉底经常对学生说：“优秀的人总是相互欣赏的。”朋友之间也是如此，与人为善，也是与自己为善。当你用赞赏的眼光看朋友时，朋友也会向你投来欣赏的眼光；当你用鄙视的眼光看朋友时，朋友也会向你投来鄙视的眼光。

小萌前几天接到了闺蜜梅兰的请帖，是乔迁之喜。小萌看着请帖上梅兰那娟秀的字迹，以及洋溢出来的喜悦，心里禁不住冷笑。梅兰是自己的大学好友，老家住在偏远的农村，论外貌，论身材，论家境，梅兰都远远比不上小萌，这曾经让小萌一度很得意。但是，自从大学毕业后，这样的情况好像就逆转了。

梅兰大学毕业后，凭着扎实的专业基础很快进了一家大型企业，从一个普通的导购员做到了销售部经理。而小萌大学毕业后凭着爸爸的人脉关系进了政府部门，虽然现在也是一个小办公室主任，但同学们说起这对朋友来总是夸奖梅兰的多，而暗指小萌是靠关系找的工作，根本不算本事。而去年，梅兰又因为工作关系结识了一位传媒界的大亨，不久就结婚了。这不，梅兰因为图交通方便，在东城新购置了一套房子，正准备搬家。而小萌工作后嫁了一个科长，至今仍住在当初结婚购买的房子里，小萌越想越觉得心理失衡。

梅兰搬家那天，小萌姗姗来迟，打扮得光鲜亮丽，挑剔地看着梅兰的新房子。梅兰热情地打招呼："小萌，来了，还以为你工作忙不来呢！最近怎么样？"小萌略显不悦之色："怎么会不来呢？谁都知道我们大学时候是好朋友嘛，那时候穿着土里土气的你，没想到'飞上枝头当了凤凰'，真叫我羡慕啊。"梅兰听小萌说了这样的话，显得有点讪讪。还是旁边一位同事说了一句："让我说啊，梅兰完全是靠着自己的本事才有了今天，大家说是不是啊？""是。"大家立即拍手叫起来，只留下不自然的小萌在那里坐着。

对于每一个人来说，当自己取得了成绩时最渴望的是得到朋友真诚的祝福，而不是挖苦的话语。所以，当你的朋友取得了成绩之后，她的心理也是这样的，她把你当作最亲密的朋友，她希望能与你一起分享成功的喜悦。在我们的身边，肯定有比我们各方面都优秀的朋友，这时候你千万不要把她当作敌人，而要当作学习的榜样，因为有足够优秀的朋友是值得骄傲的事情，也是值得炫耀的事情。当她取得了成绩，获得了成功，请为她送上最真诚的祝福，分享她成功的喜悦。

有困难风雨同舟，做个体贴的朋友

朋友像水，滋润我们的心田；朋友像火，点燃我们的激情；朋友像风，吹散我们心中的邪恶；朋友像雨，冲走我们心中的毒恶。而真正的朋友，是能够风雨同舟的朋友，是可以共患难的朋友。朋友共患难，友情得永恒！在我们每个人的生活中里都离不开朋友的陪伴，当我们快乐的时候，与她们分享，让充满着幸福与快乐的笑容不仅仅洋溢在我们的脸上，也跳跃在她们的心里；当我们悲伤的时候，她们主动分担了我们的伤心与难过，让我们不再伤心流泪。朋友之间既是同欢乐，也是共患难的，有了朋友，我们不再孤单，不再寂寞，不再悲伤，也不再彷徨。每个人在生活中，都会遇到这样或那样的困难或挫折，当我们的朋友陷入困境的时候，需要伸出援助之手，一起渡过难关，做一个最体贴的朋友。

在《史记·廉蔺相如列传》里，有这样一句话："卒相与欢，为刎颈之交。"廉颇因为妒忌蔺相如地位比自己高，想要羞辱他。后来得知蔺相如是因"今两虎共斗，其势不俱生……以先国家之急而后私仇也"而避让自己，深受感动。于是"肉袒负荆，因宾客至蔺相如门谢罪"。从此，两人就成为了能同生死、共患难的朋友。在人生漫漫旅途中，也许会荆棘满地，也许会坎坷不平，也许会有陷阱，但是有了朋友的相伴，我们依然能从容不迫地向前走去，留下一路的芬芳。所以，当朋友陷入了困境时，我们作为最亲密的朋友，应该与其风雨同舟，共同度过最艰难的日子。朋友之间也许不会锦上添花，但绝对会雪中送炭。

两个平常非常要好的朋友一起上路。在路途中，突然遇到一只大熊。其中的一个闪电般地抢先爬上了树，躲了起来。另一个也想爬树，但已经来不及了。眼见逃生无望，便灵机一动，马上躺倒在地上，紧紧地屏住呼吸装死，因为之前他听说，熊是从来不吃死物的。熊走到他跟前，用鼻子在他脸上嗅了嗅，转身就走了。

躲在树上的人下来后，问熊在他耳边说了些什么。那人说："熊要我今后千万注意，别和那些不能共患难的朋友在一起。"

那位爬树的朋友在面对危机的时候，只顾自己的生命安危而丢下处于危险中的朋友，像这样自私的人，不会得到真正的友谊。所以，我们面对陷入困境中的朋友，要及时伸出援助之手，给予对方帮助。这样当我们陷入困难之际，也会获得朋友同样的帮助。

崔丽和冯娜是老乡，因为都嫁在了外省，两家住得又很近，所以两人经常待在一起，谈谈孩子、说说时尚、聊聊工作，慢慢地就成了亲密的朋友。

崔丽老公是做运输生意的，经常会跟车去外地洽谈业务，而崔丽就负责家里车子的运输流程。冯娜则在结婚之后就做起了全职太太，她老公自己开了个门市，生意还不错。有一次，崔丽的老公在外地出了交通事故，崔丽匆忙之下就赶了过去，到了目的地看见医院里昏迷的老公，崔丽当即昏倒了。为了给老公凑足医药费，崔丽把车子卖了，可还是差一点。这时，冯娜听说了崔丽的事情，当即从家里把自己以前上班存的私房钱拿了出来，又以自己的名义在朋友那里借了笔钱，一起给还在医院的崔丽送去。崔丽双手接过钱，连声“谢谢”，冯娜拍拍她的肩膀，微笑着看着她。有了这一笔钱，崔丽的老公很快做了手术。

在医院外，崔丽紧紧地拥抱着冯娜，久久不松开。

冯娜在朋友最困难的时候，并没有选择逃避，而是倾尽所有地拿出自己的全部积蓄，帮助朋友度过了困境，这样的朋友无疑是最体贴的。对于我们每一个人来说，无论是在工作中，还是在生活中，都需要几个能够同甘共苦的贴心朋友。知心朋友，并不仅仅是当自己有了困难时，他会主动出面、及时帮忙，而更在于心灵的相互扶持。

面对纷繁复杂的社会，变化多端的大自然，谁也不能保证自己万事周全不求人，谁也不能夸口自己终身没有危难。因此，当我们遇到困难的时候，总是渴望得到朋友的帮助。所以，作为朋友，在别人最困难的时候，最需要你帮助的时候，你一定要及时给予对方帮助，真诚地伸出手去帮朋友一把，使朋友渡过难关。只要你能在与朋友相处之中把握好这一交际原则，朋友与你的友谊就会日益加深。

有意见求同存异，做个宽容的朋友

朋友，是你快乐时口中哼唱的歌曲，是你幸福时发自内心的祝酒，是你无助时默默伸出的援手。真正的朋友，是非常懂你的朋友，也是非常爱你的朋友，却不是奢望占有你的朋友。朋友之间，是平等而独立的，求同存异，互爱互敬，宽容无私。所以，在实际的交往中，我们不要将朋友理想化了，即便是你与朋友之间有了意见上的分歧，也要学会求同存异，做一个宽容的朋友。世界上没有两片相同的叶子，尽管朋友跟你气质相仿、兴趣相近、性格相投，但朋友毕竟是一个独立存在的，跟你之间总会有些不同之处，总会有这样那样的不足，也总会有自己不愿告知于你的秘密。当我们在与朋友交际的时候，不要将朋友过于理想化了，也不要把自己的言行强加在朋友身上，使朋友以自己为参照物。

有的女人与朋友关系亲密，甚至希望朋友就是自己的翻版，极力想在言行举止上保持一致，以此来彰显自己与朋友之间深厚的友谊。其实，每个人都有自己的性格特征和兴趣爱好甚至各种缺点，朋友之间也是。这时候，就要坚守“求同存异”的原则，学会容忍朋友的缺点，有着“将军额上能跑马，宰相肚里能撑船”的宽宏气度，并选择合适的时机和方法善意地帮助他克服缺点；让朋友保留“自我”，朋友有自己的爱好、自己的个性，不能独断专行地要求朋友的爱好跟你一样，这样只会让朋友离你而去。

小佳和小萌是大学同学，同住一个宿舍，两个人成了一对形影不离的好朋友。小佳性格沉稳，做任何事情都很细心；小萌最大的特点是比较健忘，上课忘带笔记本，衣服晾出去忘了收进来都是常有的事儿。有一次因为取钱了忘了把银行卡取出来，还花了不少时间去补办了一张卡。小佳认为小萌的健忘症是个大毛病，如果不及时改掉，肯定会给今后的人生带来一些不必要的麻烦。

小佳希望小萌变得和自己一样，做事细心、有条理，于是她告诉小萌放东西要各放各的位置，做事要有条理，并且不厌其烦地给她纠正。刚开始的时候，小萌积极性很高，每次健忘了之后，都会主动承认。可时间长了，小佳还是经常提醒她，见小萌错了就毫不客气地指出来，让她下次不要再犯了，小萌不禁有些厌烦了，心想自己过去那么多年都过来了，还不是一样过得好好的，为什么处处都要做你的翻版呢，各人有各人的做事方式，脾气性格也大不相同，凭什么就要听你的。小萌越想越生气，之后索性对小佳的话语充耳不闻了。

小萌虽然比较健忘，但并没有影响两人之间的友谊，反倒是小佳的一片好心却招来了小萌的不快。在我们生活中也是一样，当你总是试图把朋友变得和自己相同，那朋友肯定会觉得厌烦，甚至开始逃避你。朋友之间肯定有某些共通点，共同的兴趣、爱好，但是并不意味着朋友就必须是自己的翻版。很多时候，朋友身上有的那些自己没有的特征，正是自己最欣赏的部分,也是一种长久的吸引力。

阿琦和阿诗是非常要好的朋友,大学毕业后两人一拍即合决定合伙做点生意,共同创业。她们各自出了一半的本钱,盘下了一所中学附近的一个店面,开始筹备自己的第一个礼品店。由于两个人关系非常密切,所以就没有详细谈双方的工作细则,刚开始筹备的时候,两人心气都很高,忙着办照、进货、装修,并没有出现什么问题。

然而礼品店开张的时候,两个人就出现了意见分歧,阿琦认为阿诗把礼品进得贵了,阿诗听了很不高兴,觉得自己辛辛苦苦买回来的货,却被说了一顿,于是两个人发生了争吵。之后,阿琦还是早来晚走,每天很忙碌,但阿诗却常常迟到或者干脆请假在家。刚开始阿琦觉得没有什么大不了的,反正都是朋友,多干点少干点无所谓,自己有时间就尽量多做一点。但没有想到的是,这反而让阿诗感到了不舒服,她觉得自己一半股份的礼品店被阿琦一个人操作了,开始感到不满,两个人之间的隔膜日渐加深。

就这样,昔日一对好朋友却因为意见上的分歧而逐渐疏远了,甚至最终分道扬镳。我们与朋友之间的相处往往因为关系密切,就忘记了换位思考,忽视了对方的想法和意见。每个人都有自己的性格、自己的特殊经历和独特的人生体验,对同一事物、同一事情,不同的人有不同的感受、不同的认识。所以,在遇到一件事情的时候,自然会有不同的看法,正所谓"一千个读者就有一千个哈姆雷特",你不必要求朋友要持有与你相同的看法,而应站在朋友的立场,尽可能使你们的意见能够求同存异,最终达成双赢的局面。

有错误委婉指出,做个真诚的诤友

面对朋友的错误或者失误,我们需要怎么办呢?是直言相劝,还是委婉指出,还是漠视不管?相信每一个人都有过这样的经历,朋友在某些方面出了错误,而我们却不知道应该怎么办。如果你直接指出了错误,会伤害朋友的自尊心；如果你对朋友的错误漠视不管，这样也不符合朋友情义。所以，最佳的办法就是委婉地指出朋友的错误，既不会伤害到朋友的自尊心，又能善意地帮助朋友纠正错误，而朋友也最容易接受。

当然，委婉地指出朋友的错误，最关键的一点在于委婉的技巧。间接、委婉地指出朋友的错误，要远比直接说出口来显得温和，而且也不会引起朋友的强烈的排斥。每个人都有自尊心，尤其是在最亲密的朋友面前，这样的自尊心特别强烈。所以，当我们在指出朋友错误之前，需要考虑到朋友的心理，尽可能地照顾到他的自尊。批评也是一门艺术，有益的批评才会使朋友虚心接受，并认识到自己的错误，及时加以改正。但是，批评也要讲究方法，巧妙地暗示对方注意自己的缺点，往往会赢得朋友的赞同。面对朋友的错误，一定要委婉地指出，这样才易于对方接受。

卡耐基先生的小侄女约瑟芬从学校毕业后，就来到纽约担任他的私人秘书。尽管她已经毕业了，可是由于她做事情缺乏经验，所以难免做错一些事情，这让卡耐基先生有时非常生气。

有一次，约瑟芬又犯了错误，卡耐基本想狠狠地说她一顿，让她吸取教训。但是，他仔细想了想，对自己说："等一下，想想约瑟芬才多年轻呀，你自己的年龄比她大好多，所以你的经验比她丰富。你怎么能用你自己的标准来要求一个刚入社会的小女孩呢？再想一下，你自己 19 岁的时候在做什么？也许比她还要迟缓和愚蠢呢？"

卡耐基经过仔细的思考后，感觉约瑟芬做得还是相当出色的，他后悔在此之前没有注意到她的优点，没有对她的工作加以赞扬，反而一味地关注她的缺点与错误。所以在以后的工作中，卡耐基尽量委婉地批评约瑟芬。他对她说："约瑟芬，其实你犯的错误，我年轻时也经常犯，而且比你犯得更多。没有一个人生出来就会做事，永远不犯错误，经验是要从工作中一点一点积累起来的。我像你这么大的时候，做过许多糊涂的事，所以我没资格批评别人，但我希望你能做得更好些！"

约瑟芬听完卡耐基先生的话十分感动，她欣然接受了批评，并在今后的工作中更加认真，而且她还在后来的工作中积累了许多经验，并及时改进了不足之处。最后，她成为美国知名的秘书之一。

由此可见,委婉地指出朋友的错误,不仅能将我们想要表达的意思表达出去,还有可能使朋友走向成功。反之,如果卡耐基直接斥责约瑟芬的错误,相信他又会失去一个能干的秘书。因此,你要想朋友能够接受你的意见,就要注重劝说的技巧,一定要委婉地指出他人的错误,切勿直言批评。

第十六章

异性交往，做值得信赖的女人

女人需要把握好与异性交往的原则，做一个值得他人信赖的女人。作为一个女人，你要懂得自尊自爱，才能被爱；在公众场合，一定要给足对方面子；做任何事情，说任何话，都需要为对方考虑；做一个阳光般的女人，用你的好情绪感染对方，化解他心中的乌云；学会聆听，做他烦恼时的接收器；适时鼓励，做他低迷时的加油站；巧妙出招，做他迷茫时的希望之灯。当你掌握了这些原则后，就能够在与异性交往的过程中取得他的信任，最终获得家庭的幸福。

女人懂得自爱，才能被爱

王尔德说过："爱自己是一场终身恋爱的开始。"作为一个女人，你只有好好地爱自己，才能更好地去爱别人，才能更好地获得爱。懂得自爱的女人，你的人生风景才会丰富，才会温暖，才有春华秋实，才有感动，才会拥有他人的爱。一个不爱自己的女人，生活回馈给她的，将会是一个冰冷的孤岛，围困着一无所有的自己。一个连自己都不懂得爱的人，凭什么去指望别人的爱惜呢？一个懂得爱的女人，即使面对伤害，也能为自己点燃明亮的火柴；即使失去了，也会重新鼓起勇气，勇敢地站起来。

在远古之初，就有了亚当与夏娃的传说，上帝创造了亚当，后来怕亚当孤独，又从亚当身上抽下了一根肋骨变成女人夏娃，来陪伴亚当。这样看来，因为女人是由男人的肋骨蜕变而成的，所以，在很多时候，女人经常会不由自主地把自己当成了男人的附属品。有的女人甚至觉得自己离开男人之后没有了价值，只有在男人身上才有自己的位置。特别是一些婚后的女人，总想着自己与男人成为了一体，君笑亦笑，君哭亦哭，完全失去了自我。殊不知，因为这样过度的爱反而使自己失去了男人的爱，女人对此感到不解，难道爱一个人也有错误吗？其实道理很简单，女人连自己都不爱了，那怎么去获得男人的尊重与爱呢。所以，不爱自己的女人最后不仅仅是失去了男人的爱，其实连同自己也一起失去了，这不得不说是一种悲哀。

李亦非曾经说："我的美丽就是缘于自爱。"让人不得不佩服这个标榜着自爱的女人，无论内在外表她都觉得自己有种别致的美丽，有人问她，你美丽的心得是什么？她骄傲地将美丽的心得公布开来：再忙再累也不要忘记关爱自己，女人懂得自爱很重要，就跟你的皮肤和脸蛋一样重要。

她一直是这样，坚持自爱，热衷于追求时尚，喜欢做精致的指甲和漂亮发型，着美丽的职业装。虽然嫁了一个很能干的老公，但她并不安于在家做全职太太，而是驰骋于职场，做一名出色的职业女性。她也会感到累，和大多数女人一样，她也钟情做美容、逛街，这样可以减轻工作上带来的压力。

如果你与李亦非聊天，从她那里得到不仅仅会快乐的传递，还有智慧的交锋，她坦然“我没有寂寞的夜晚”，这句话令很多人感动得不得了，因为没有人从未感到过寂寞，但她却可以独自一个人品尝着生活的快乐。因为自爱，她是健康美丽的，不仅仅是外表，还拥有健康美丽的心态。她是一个爽爽朗朗将智慧倾囊捧出的女人，无论她说了什么，你都能感受得到她语言背后智慧的心思。

李亦非的美丽是一种别致的美丽，因为自爱所以美得别致。有的女人不懂得自爱，自己省吃俭用，只是为了心仪的异性。殊不知，这样的牺牲根本就是无谓的，当你容颜老去，而他还是那么出色时，你会感叹时间的不公正。实际上，并不是时间没有公平地对待你们，而是在最开始，你就先放弃了自我，输就输在你不懂得自爱。做一个自爱的女人，那样你无论在哪里，都会是一道亮丽的风景线。

女人到了一定的年龄，漂亮就会从指缝中流失，但自爱的女人却拥有相当的底蕴和美丽，那就是来自内心的那份从容、自信，由内而外自然地散发出来，这样的美丽是容颜无法带来的惊叹。自爱的女人是美丽的，她们懂得如何打扮自己，这样的打扮并不仅仅是外表，而是由外表到内心进退自如，举手投足之间都洋溢着优雅、热情与智慧。自爱的女人是独立的，无论从经济到心理，她都是独自担当着，只有独立的女人才会不断进取不甘沉寂，只有独立的女人才会把智慧当资本，而不会依靠自己的容貌与青春去保值。自爱是女人最高贵的资本，懂得自爱的女人会把一切打理得如沐春风，懂得自爱的女人拥有那份难得的洒脱。自爱的女人总是一个人品尝着生活的酸甜苦辣，但是，她永远不会感到寂寞，因为她拥有那份健康美丽的心态。

维护男人形象，感情逐渐升温

男人在很多时候就像是一个孩子，他渴望你的宽容，也希望得到你的尊重，他至少希望你在人前极力地维护他的形象，这比甜言蜜语来得更有力量。但偏偏有的女人不信这个邪，她们任意妄为，即使在他的同事面前、上司面前、父母面前，也丝毫不给他面子，这样的女人最终会被抛弃。之所以有这样的宿命，并不是女人不懂得如何去爱，而是你爱的方式不对。男人好面子，这是每个女人都应该明白的，面子就是男人的一个雷区，一旦你不小心踩到了，那就注定了悲剧的开始。所以，做一个受欢迎的女人，一定要记住给足对方面子。

女人在与男人相处的时候，应该尽可能地照顾到对方的自尊心，维护好他的形象，照顾到他的面子。这是一个女人应该懂得的礼仪，也是男女之间相处的最有效的方式之一，它会让你们的感情逐渐升温，获取生活给予的幸福。聪明的女人，要学会经营自己的感情，而给足对方面子就是最好的方式，这让他感觉到什么时候他都是最重要的，越是觉得自己重要，他就越加表现出自己的责任与关爱。

小米在一家公司做销售，每天都在外面跑业务，十分辛苦。这天，她刚刚接待了一个挑剔的客户，为了完成这个月的销售额，小米憋着满肚子的气，陪着笑脸与客户周旋。好不容易签了这份合约，已经到下班时间了。满身的疲惫，让她好想回家睡个好觉。谁知她回到家，看到老公带了一大群朋友来，买了许多烟酒肉菜，搞得满屋子杯盘狼藉。小米本来就郁闷的心情变得更加糟糕，脸色也很难看，老公的朋友们看见小米回来了，热情地打招呼："嫂子回来了，坐下喝一杯吧。"小米脸色很阴沉，没好气地说："你们自己喝吧。"说完，就一个人进了卧室。那边正在喝酒的老公看见了，跟进了卧室，悄声跟小米说："怎么了，因为工作的事情吗？出来大家玩会吧，菜都快吃完了，你这个家庭主妇去煮点吧。"小米把头捂在被子里，恼怒地说:“要煮你自己煮去,我要休息了。”老公脸色变了:“你这是不给我面子嘛,这么多朋友都在这里,让我难堪。”小米坐了起来,大声责问:“那你邀请的时候怎么没有想到这些啊,我这么累,你还让我来服侍你们……”小米的声音透过墙壁传了过去,正在吃喝玩乐的朋友听到了,面面相觑,都觉得自己该离开了。

老公和小米吵了几句,推门出来,朋友们纷纷告辞,有朋友向他说道:“今天先走了,你还是好好与小米谈谈,不要因为我们和她冲突,下次去我家好好玩。”几句话说得老公愈发过意不去,看着寂静的家,他也出门喝酒去了。

虽然小米本身已经很累了,但在这种情况下,老公那么多朋友在场,她却冷着一张脸,不给老公面子,最后,朋友们都看不下去了,纷纷找借口走了,自己也与老公发生了争吵。这样的结果,不知道是不是小米所希望的。但是,无论最后小米与老公之间发生了什么,小米已经让老公在朋友面前丢了面子,而且自己没有做好主人的事情也会被朋友们拿来做茶余饭后的谈资,这样一来其实自己的面子也丢掉了。

女人,在适当的场合千万要给足男人面子。在他的朋友面前,你要摆出一副小女人的姿态,做出言听计从的样子,这并不是助长他的威风而是顾及他的面子;在同事面前,你可以适当地夸奖他,千万不要在同事面前抱怨、贬低他,这样会极大地伤害他的自尊;在父母面前,即使他不是事业有成,也不要说他没有出息之类的话,这样只会让你们的感情越来越淡漠。一份持久的感情是需要用心去经营的,而懂爱的女人,会最终获得幸福,因为她在任何时候都会给足对方面子。

多为对方考虑,赢得真挚感情

女人,不仅仅要学会自爱,也要学会爱人。有的女人自爱到了极致,以自我为中心,忘记了身边的人的存在,不为对方考虑,所以,她们难以获得来自生活的幸福。人与人之间是相互的，感情亦是如此，如果你能真心对为对方考虑，凡事都不需要他去操心，那么他也会回报你温馨的爱，多为你考虑，尽心尽责地照顾你。有的女人面对自己千疮百孔的感情叫嚣着：“他一点都不理解我”、“他从来没有顾及到我的感受”、“我已经受够了，他只在乎他自己”……当感情已经破裂后，你是否也应该反思自己的行为，在感情的城堡里，你是不是也没有真正地理解过他，你是不是也从来没有考虑过他的感受，你是不是也自私地只想到自己，从来没有真正地在乎过他。每个人的心里都有触手可及的柔软地方，那里就是爱的温床，只要你多为对方着想，触碰到了那个地方，你也一样会得到相应的回报。所以，作为一个女人，你应该多为对方考虑，努力经营好自己的感情生活。

男人虽然表面上看起来比较刚强，但内心却渴望柔情似水的女人，这样的女人会为他打点一切，使他的生活变得井井有条，全然没有了后顾之忧。他则会一心扑在事业上，家里有女人照顾，而他就会安心地工作，用心来照顾整个家。有的人认为男人成功了就会变坏，不再把那糟糠之妻放在眼里，而自己只能哭闹，央求着他回来。实际上，要留住一个人，不如拴住他的心，最有效的办法就是多为他考虑，让他明白你的体贴与关怀，让他明白你已经是他生活的一部分。

青红大学毕业后就嫁给了她现在的老公何冰，他们是大学同学，在大学相恋了三年，毕业之后如约进入了婚姻的殿堂。青红只是个普通的女孩子，长相普通、出身普通，但俊秀的何冰却拜倒在她的石榴裙下。婚后的生活非常幸福，老公对她一直疼爱有加。很多人感到不解，好奇地问青红，青红笑得很腼腆：“其实很简单，因为他工作很忙，所以我尽量为他打点好一切，处理好家里的事情让他没有后顾之忧。”

婚后的生活真的是这样，青红为了能让老公吃上热腾腾的饭菜，晚上无论多晚，她都会等着他回来一起吃。刚开始的时候，老公说你先吃吧不用等我，可青红还是执意要等他回来吃饭。时间长了，何冰知道她很固执，于是下班后推掉了许多应酬，早点回来陪她一起吃饭。平日里的生活，青红更是安排得有条不紊，家里的事情从来没有让他操过心婚后有了孩子，她每天带孩子，还要照顾他，从来没有抱怨过。何冰的事业开始慢慢步入了正轨,这时候,公司要派遣何冰去美国进修,面对这个大好的机会,青红毫不犹豫地支持他去,并且拍着自己的胸脯说:“家里有我呢,不用担心。”在美国进修的何冰时时挂念着家里,等到回国的日子,他下了飞机就赶往家里,却发现家里没有人。打电话问父母,才知道一个多月前,爸爸得了重病,作为儿媳的青红毅然接下照顾爸爸的重担,每天医院、家里来回跑,整整一个月都没有好好休息,现在爸爸的病好了,可青红却累坏了,正在医院打点滴。

何冰看着瘦了一圈的青红,心里满是愧疚:“爸爸生病了,怎么也不告诉我一声,我可以提前申请回来。”青红笑着说:“怕耽误你的工作,再说也不是什么大事,你看爸爸现在不是好了吗。”何冰抱着躺在病床上的青红,心里充满了感激,还有满满的爱。

青红幸福的婚姻生活都来自她亲手的编织,正是那份发自内心的爱,让她无论在什么时候都把对方放在重要的位置。凡事多为他想一点,让他时刻感受到你的体贴与关爱,他就会多爱你一点。爱,并不仅仅是说在嘴上,而是融入实际行动中,爱他就为他考虑多一点。

女人的本性是温柔,所以男人常常会被温柔的女人所俘获。而温柔的女人则是恰恰懂得以情动人的,她会把自己的柔情融入到每一个关怀中,隐藏在每一个眼神里,而男人就醉倒在这样的柔情中。聪明而温柔的女人懂得凡事应该多为对方考虑,这是获取爱最好的方式,也是最有效的方式。当你在为对方有所考虑的时候,他也会以满怀深情的爱来回报你。两个人之间的感情是建立在互相理解的基础之上的,这样的理解包括了为他考虑,为他着想。所以,当你还在抱怨男人不在乎自己的时候,不妨多为对方考虑,体贴细致入微,点点关爱,就会赢得一份真挚的感情。

学会控制,用好情绪感染对方

不知道你有没有听说过,情绪也是可以传染的,它就像某些传染病一样,可以不通过任何的载体,直接输送到人们的心里。尤其是好情绪,可以感染对方,使对方在不知不觉中忘记了烦恼,被你带入到一个快乐的世界。作为一个女人,你更应该学会用自己的好情绪去感染对方,当你把快乐带给他的同时,他的心里也会划过一丝波动。没有一个人可以拒绝快乐,特别是在不开心的时候,人人希望能遇到一个让自己重新快乐起来的人。如果你正是那个快乐的精灵,把自己的好情绪感染给对方,那么你一定是受异性欢迎的女人。性格开朗、乐观向上的女人一定是受人欢迎的,因为她有一个良好的个性,这样的个性不仅能让自己变得无忧无虑,还会给身边的人带来快乐。一般来说,男性都偏爱那种快乐的女人,只是与她们聊天,就可以令自己受到快乐情绪的感染,没有任何负担,只会感到轻松惬意。所以,试着做一个快乐的女人,把自己的好情绪感染给对方,在快乐的氛围中使感情升温。

其实,在日常的人际交往中,拥有好情绪非常重要,这似乎是人际交往中的润滑剂。所以,当我们在与异性相处的时候,应该重视与对方交往时所表露出来的情绪,将好的情绪传递给对方。在心理学上,把这种会传染的情绪叫作情绪效应,当你在与对方接触的时候,好的情绪确实会通过你的姿态、表情、语言传达给对方,感染对方。也许,许多女人都还没有意识到这个问题。其实对于每天辛苦工作的男人来说,没有什么比回家看见一张苦瓜脸更糟糕的事情了,本来心情已经够郁闷了,如果你再火上浇油,那只会越烧越旺。不妨以快乐的情绪感染他,让他觉得跟你在一起是一天中最轻松的时刻,也是最享受的时刻。

最近这些天,小月的老公一直处于心情的低谷期,公司刚刚运行不久就因为资金的问题陷入了进退两难的境地。虽然小月并不懂得公司的事情,但看着老公紧锁的眉头,她也知道了事情的严重性。但自己也帮不上什么忙,唯一能帮助的就是使他能够放松心情,舒展眉头。

这天晚上,老公很晚还没有回来,小月不安地在房间里走来走去,她担心他出事了,拿起电话准备问他在哪里,但一想到他已经够烦了,还问他的行踪,这样会更惹他生气。于是,她就静静地坐在客厅,开着灯,一边为他织着毛衣,一边等着他回来。十一点多,他终于回来了,脸上满是落寞的神情,小月知道这次投资项目洽谈又失败了。她露出满脸笑容:“回来了,我都睡了一觉了,还梦见了你的公司有了新的投资人,高兴得我醒了,我觉得明天肯定能找到合适的投资人,你可千万不要泄气啊! 我呢,虽说没有很多钱,但绝对是你最坚实的后盾。”老公在小月的感染下,也振作了起来:“你放心,有你的支持,我一定会坚持下去的,我有点饿了,想吃点东西。”小月听见老公主动说想吃东西了,她转过身,眼泪掉了下来,看来他真的开始振作了,吃了东西就有劲儿了。

不知道是因为运气还是什么,真的被小月说中了,第二天老公满脸精神地参与投资洽谈,并签下了合约。当老公在电话里告诉小月这个消息的时候,小月忍不住大声叫了起来,老公在电话里亲热地说道:“老婆,这都是你的功劳,你的乐观感染了我,然后感染了投资人,你说我该怎么谢谢你呢……”电话这边,是小月一脸幸福的表情。

如果小月面对晚归的老公不问青红皂白就是一顿责骂,那么也许事情就会出现截然不同的局面了。

虽说好情绪是可以感染人的,但坏情绪也是一样可以传染的。坏情绪就如同细菌病毒一样,具有很强的传染性,而且传染的速度也是惊人的。在我们的生活中,难免会遇到一些不开心的事情,如果你没有克制自己的不良情绪,或者这样的坏情绪没有及时得到宣泄,就有可能将这种坏情绪传染给家人或朋友,甚至影响家庭的和睦。所以,当你情绪不稳定的时候,不妨克制自己,或者找个机会正确地发泄出去,千万不要将坏情绪传染给对方,这只会让情况越来越糟。

所以,如果你遇到对方正在生气,你需要做的是千万不要与他发生直接冲突,而应用健康的情绪去感染他,转移他的注意力,引导他产生愉快的心情。即便是他对你有一种不友好的态度,或许这并不是他的本意,只是你无意中做了他的“出气筒”,对这样的情况,你也不要太在意,尽量宽容为怀,体谅对方。

认真倾听，做他烦恼时的接收器

两个人在一起，不仅仅是分享快乐，还需要分担烦恼。也许，有的女人觉得男人并没有什么烦恼，因为他从来没有对自己说过，也没有表现出来。其实，在很多时候，男人学会了隐忍，他们喜欢把烦恼隐藏在心里，表面上显得没有什么事情。因为男子汉的自尊让他们觉得，把自己的烦恼告诉女人，这是懦弱的表现，所以他们一向在你面前表现得很要强，很少显露出自己烦恼的时候。而一旦他们对你说出自己心中的烦恼，那一定是已隐忍很久，困扰很久了，这时你需要做的就是做一个最忠实的倾听者，做他烦恼时的接收器。男人最需要的就是懂他的女人，只要你能够深入到他的心底，了解他心中的喜怒哀乐，明白他的苦衷，他就感到莫大的幸运，对你也会倍加珍惜。所以，你要做一个善于倾听的女人，适时地为他分担烦恼，悄悄地走进他的心里，做他最知心的那一个。

男人肩上担当了太多的责任。在父母面前，他是孝顺的儿子；在妻子面前，他是优秀的丈夫；在同事面前，他是一名干将；在孩子面前，他是无所不能的爸爸。工作上的压力，生活上的压力，让他们经常陷入烦恼的旋涡之中。作为他身边的女人，有时候很难深入地了解他的心思，但是你的耳朵，是用来倾听的。面对他的烦恼，你不一定需要给予他多少安慰，他最需要的是一个忠实的倾听者，他并不指望你能替他分担多少烦恼，只需要你静静地陪着他，听他的倾诉，当他倾诉完之后，烦恼自然就少了很多。而他也会对你充满感激，至少在他最艰难的时候，是你陪伴他走了过来。

小万和男朋友相恋两年了，很快就要谈婚论嫁了，在见了双方父母之后，就把婚期纳入了计划之中。可是，小万最近觉得男朋友好像有什么心事，经常一个人坐着不说话，面露难色，问他又不说。小万心里很担心，也不知道他到底在想些什么，认识两年来，还是第一次看到他这个样子。小万越想越着急，真想自己变只虫子飞进去看看，看他心里在焦虑什么。

周末，小万的好朋友结婚了，小万和男朋友都参加了婚礼。在婚礼现场，小万见到了很多好朋友，一边聊天，一边喝酒。小万虽然与朋友聊得很欢，但她不时地看着男友，发现他正一个人喝闷酒，于是，小万借口自己有事就拉着男友先离开了。两个人坐在出租车里，男友靠着小万的肩膀，几次欲言又止。小万心里虽然着急，但是她并没有开口问，只是静静地坐着。

到家了，小万为男友冲了蜂蜜水，男友好像有些清醒了。他看着小万，眼里满是深情，过了一会儿，他说道："可能今年咱们办不了婚礼了，我老家出了点事情，大哥出车祸了，已经花去了所有的积蓄，连我的存款都给了哥哥做手术，可是，看着你每天憧憬的样子，我觉得不好跟你开口，也不知道怎么跟你父母解释……"男友断断续续说了很多话，小万等他说完了，只说了句："没事，爸妈那边我会说清楚的，现在最要紧的是大哥的伤势，明天我去看看他吧，出了这么大的事情也不告诉我，一个人撑着怎么能行呢？"男友抱了抱小万，在她耳边说："我怕你担心。"两个人紧紧地抱在一起，此刻，小万觉得自己就是最幸福的女人。

看着被烦恼困扰的男友，小万并没有强烈地追问，而是静静地陪着他，等着他告诉自己。虽然，面对男友的烦恼，自己并不能帮很大的忙，但是只要理解了男友心中的苦闷，这就是对他最大的帮助。因为他们足够坚强，能够凭借着你所给予的力量振作自己，从烦恼中解脱出来，回归男人的本色。

有时候，可能你会抱怨，他不肯向你诉说他的烦恼，你永远也猜不透他在想什么。其实，面对这样的情况，千万不要胡思乱想，他可能是觉得你不是能承受他烦恼的人，或许他觉得说出来会影响到你的心情。如果是这样，那么你不妨先试着告诉他你的烦恼，让彼此慢慢地渗透信任，这样那些烦恼就会成为小事。

适时鼓励，做他低迷时的加油站

每个人都有低迷的时候，他也不例外，有可能是工作上进展得不够顺利，有可能是遇到了一些困难与挫折，有可能正处于人生的低谷。当他出现低迷的时候，你应该做的，就是给予他适当的鼓励。有的女人习惯了啰嗦、指责，面对他的失败，不仅不加以安慰，反而变本加厉地指责起来，说一些伤人的话："你真是没有出息"、"纯粹是一个窝囊废，早知道当初就不嫁给你"、"自从跟了你，我就开始倒霉了"……这些杀伤力无穷的话语，无疑是雪上加霜，而你也成了落井下石的那一位。当他遭遇困难的时候，即便是陌生人也会递上一份问候，更何况是你。所以，即使他事业没有什么成就，也不要乱加指责，更不要随意怒骂起来，这只会使你们之间的感情越来越淡漠；不妨拿出女人的本色，给予他适当的鼓励，用你柔弱的双肩为他支撑起坚实的大后方，给他信心，让他从困境里走出来。这是一个女人的智慧，更是一个女人的骄傲。

也许，有人认为男人那么坚强，是根本不需要鼓励的，只有弱者才会需要鼓励。事实上，无论是强者还是弱者，他都有最脆弱的时候，在那低迷的时候，最需要有个人能给他勇气、信心，能够不断地给他打气，成为他最坚实的后盾。对于男人来说，他们的自尊同样是异常地脆弱，假设你给正处于困境的他一顿责骂，他有可能就真的一蹶不振，甚至破罐子破摔，最终毁了自己的一生。所以，请在他最需要帮助的时候，用力地拉他一把，用你的言行告诉他，无论他成功还是失败，你永远支持他，陪伴着他。如果你真的付诸实际行动了，那么他会用一生来回报你的真情。或许，在你的鼓励下，他真的就成功了，重新找回了自己，他的重生证明了你的伟大，因为你的鼓励换来了一个人的成功。

小路和老公都来自农村，共同的家境让他们有了许多共同语言。认识两年之后，他们就领证结婚了，虽然没有房子，也没有车子，甚至连婚纱照都没有拍，可是小路觉得自己很幸福，因为爱是任何物质都换不来的。

结婚后，老公工作更努力了，虽然没有较高的学历，但他用自己点点滴滴的勤奋努力拼搏，只是为了当初许下的承诺：小路，我会给你一个美好的将来，相信我。小路的爱让他坚信自己一定会成功的。小路也经常鼓励老公："你是最棒的，总有一天，你会有自己的公司，我相信你，一直，甚至是永远。"其实，并没有等到永远，过了两年，辛苦拼搏的老公赚回了人生的第一桶金，开始自己经营了一家小公司，虽然，看起来似乎并不起眼，但小路说："有一天，你会把公司做大的。"在小路的不断鼓励下，老公的公司发展越来越好，没过几年就自己买了房子，买了车子，公司也做成了大公司。

但是，好景不长，可能是因为经营不善，一些管理方法出现了问题，公司陷入了困境，老公焦虑得晚上睡不好，白天还要去公司处理事情。小路看着着急的老公，心里也很担心，但她还是一如既往地鼓励他："这只是暂时的困难，很快就会过去的，现在可比我们刚来城市的时候好多了，那时候那样艰难我们都熬过来了，何况是现在呢?"老公看着小路认真的脸，笑了。

小路在任何时候都没有指责老公，而是一如既往地支持他、鼓励他，不断地给他坚持下去的勇气。在小路的鼓励下，老公取得了一次又一次的成功，从一次次的失败中重新站了起来。每个人的人生路途中，都会遇到种种困难和挫折，面对突如其来的打击，很多人都防不胜防，心理防线也即将崩溃了。这时候，正是需要你帮助的时候，没有指责，没有质问，只是一句轻轻的鼓励，或者只是一个拥抱，只是一个善意的微笑，都足以点起他心中的希望，给他强大的力量，那是重新站起来的力量，是重新获得成功的力量。

巧妙出招，做他迷茫时的希望之灯

有时候，一向有主见的他也会陷入迷茫之中，站在人生的十字路口，不知道自己该往哪里走。这时候，强烈的自尊心不允许他向你求助，只是茫然无措地看着你。这时候，聪明的女人往往会巧妙出招，在他迷茫之际给他点亮一盏明灯，指引他走向光明。生活并不是一帆风顺的，总会遇到这样那样的抉择，有时候，即使是对于一个男人来说，有的事情也难以去作决定，犹豫不决，然而这正值人生的关键时刻，如果不及时作出决定，只会导致人生走向了另外一条路。所以，女人不仅是陪伴在男人的左右，在某些时候，你还可以做他的领路人，为他出谋划策，为他冥想计策，充分展现出你的智慧与能力，让他对你刮目相看，也会对你敬爱有加。

男人有时候就像个孩子一样，他们在森林里奔跑也会不小心迷失，找不到回家的路；他们在做了错事之后，也会被后果吓到，慌张失措；他们也会在人生的十字路口徘徊，犹豫着该往哪条路走。当他们处于这样的情境之中时，女人便充当了母亲的角色。细心引导着他们走出森林，微笑着为他们收拾残局，为他们点亮前面的航灯。虽然在很多时候，都是男人担当着强者的角色，但他们毕竟也是一个平常人，也有无助的时候。这时候，他们希望你能在身边帮忙想个计策、出个主意，成为他迷茫时的希望之灯。女人，不仅仅是依偎在男人身边的小鸟，还应该是站在男人身边的一棵树。只有刚柔并济的女人，才会绽放出永久的魅力，她时而温柔，时而妩媚，时而聪慧，时而坚强。这样的女人是恰到好处的，她会在你需要的时候出现，给予你帮助；会在你迷茫的时候，为你点亮希望的灯塔；在你无助的时候，为你指明一条道路。所以，这样的女人想不受异性的青睐，都很困难。

小华是一名普通的司机，在一家小公司上班，虽然拿着并不高的薪水，但他认真、踏实，深得老板赏识。小华的妻子在一家广告公司做文员，每天朝九晚五，两个人日子过得很惬意。最近，小华公司的老板经常找到他谈话，有意让他做部门经理，小华刚开始没有当回事，心想怎么会看上我呢，还以为是老板在开玩笑。可是，最近几次，老板找他谈话的次数越来越多，这让小华感受到了老板的诚意。

这天回家，小华笑着对妻子说："老板让我做部门经理呢，你觉得怎么样？我觉得做普通司机会简单些，不会那么累。"妻子一边收拾屋子，一边说："我觉得这是件好事，你不可能做司机做一辈子吧，总要有个比较好一点的工作，再说，要学会用脑子挣钱而不是用技能挣钱，我觉得你可以把握好这个机会。"小华有点迟疑："可是，做经理太累心了，每天所焦虑的事情也很多，到时候也没有多少时间陪你了。"妻子安慰道："虽然部门经理是比较辛苦，心会很累，但会锻炼你的能力，磨炼你的脾气，这从长远来说，真的是一个好机会，你就不用担心我了，我会打理好家里的一切，你只要安心工作就好了。""可是……"小华还在犹豫，妻子笑着打断他的话："可是什么？至少也是一个小经理啊，比你现在当司机强多了，至少表明你已经在进步了，这就是努力的结果，所以，赶紧努力吧。"听了妻子的话，小华也下定决心了。

面对老板的赏识，内心拿不定主意的小华向妻子抛出了自己该怎么办的问题。聪慧的妻子从长远的打算来分析，给出了中肯的答案，她并没有摆出一副弱女子的姿态说"我也不知道怎么办"，或者直接说"你自己看着办吧"，她明白，小华是因为看重她才问她，所以，她巧妙出招，为小华点亮了希望之灯。

聪明的女人，懂得做男人的左右手，她们并不甘愿做一个外表华丽而内心空空的花瓶，而是致力于帮助男人成就其事业。当男人取得了成功，在事业上做出了一番成就后，女人的价值也就显现出来了。人们常说，一个成功的男人背后一定有一个伟大的女人，这虽说并不是绝对的，却是大多数人认可的道理。女人的伟大，并不在于你为男人付出了多少，而是你在男人身边的位置。如果你只是依附着他，那么你只是一名普通的女人；如果你是他身后的贤内助，是他身边的军师，那么，你就是他背后那个伟大的女人。

第十七章

社会交际，高情商的女人受人欣赏

有一种女人，她并不是最聪明、智商最高的，也没有惊艳绝伦的天资，但是她一直是受人欣赏、受人喜爱、受人尊敬的。也许，你会问她是如何获得成功的呢？成功的秘诀在于她拥有高情商。在日常的人际交往中，高情商的女人是受人欣赏的女人，她游离在纷繁复杂的人际交往中，应对自如，演绎着完美的人生。高情商的女人，她们只坚持拿回自己的功劳，而不抢占他人的功劳；即使她们身处逆境，依然闪耀着夺目的风采；当她们展示自己的时候，并没有贬低他人的价值；面对他人的嫉妒，她们只是嫣然一笑，不会放在眼里；面对他人的困境，她们会深表同情而绝不做落井下石的小人；面对丈夫的“小动作”，她们会耍点小心计，让丈夫乖乖就范；某些时候，她们显得很无情，但实际上这就是高情商女人的聪慧之处。

别踩在他人功劳的金字塔上

在社会竞争日益激烈的今天，不少女人为了博得上司的赏识，谋取早已看中的职位，不惜抢占他人的功劳，以此来达到目的。这在职场上，无疑是一种卑劣的手段，更是一种有悖良心的行为，这样的女人只是暂时获得了荣耀，时间久了，就会因为东窗事发而自毁前程。而高情商的女人，她们的修养可见一斑，她们永远不会踩在他人功劳的金字塔上。高情商的女人，懂得争取属于自己的功劳。然而，最终的面对他人的功劳，即便是再大的荣耀，她也不会心动而做出那样卑鄙的行为。因为她们明白，做任何事情都需要合理，是自己的就是自己的，不是自己的抢来也不是自己的。做人就是要这么问心无愧，才能对得起自己的良心。高情商的女人，懂得以自己的言行举止来获得他人的好感，不卑不亢，才是她们一贯的作风。所以，学会做一个高情商的女人，千万不要抢占他人的功劳。

那些偷偷去抢占他人功劳的人，到最后只能是既损人又损己。功劳是一个人辛辛苦苦的劳动成果，如果你抢占了他人的功劳，无疑是强占了他人的劳动果实，霸占了他人的业绩，这于情于理都是说不过去的，是小人的行为。

阿敏和小娟在同一家公司上班，平时关系相处得很不错。因为小娟是才到公司的，所以阿敏会在工作、生活方面尽可能地帮助小娟。年终的时候，公司策划了一次广告方案评比，只要是公司的员工，每个人都可以准备一份方案，优胜者有奖。小娟觉得这是一个好机会，可以展现出自己的水平。她经过半个月的准备，加上平时自己对市场工作的观察思考，很快做出了一个出色的方案。

方案征集截止日期的最后一天，阿敏忽然叹了一口气：“哎，小娟，我还真有点紧张，心里没有底啊。要不，你帮我看看方案，提提意见，看有什么需要修改的地方。”小娟想也没有想就答应了，她看了发现阿敏的方案很一般，没有什么创意,但她没好意思说什么。阿敏用探究的眼光盯着小娟,说道:“让我也看看你的方案吧。”小娟心里一阵懊悔,可是自己才看了人家的,现在没有理由不让她看。好在明天就要开评比大会了,她想改也来不及了。

第二天的评比大会,主要是以资历的次序发言,阿敏因为资历老,所以在小娟前面发言。阿敏讲述的方案跟小娟的一模一样,在讲述的时候,她解释说:“很遗憾,我现在只能讲述自己的口头方案,电脑染了病毒,文件被毁了,我会尽快整理出书面材料。”小娟听得目瞪口呆,她没有想到阿敏抢占了自己的功劳,她不敢把自己的方案交上去,也不敢申述,因为自己资历浅,怕上司不相信自己,只有伤心地离开了这家公司。

阿敏的方案虽然获得了上司的认可,但因为方案毕竟不是她自己的,有些细节不清楚,在执行方案时出了很多漏洞,又无法及时修正,结果很失败。后来,上司得知了事情的真相,就直接解雇了她。

阿敏表面上很照顾小娟,把小娟当朋友,取得了她的信任,却反过来这样对待她,无情地抢占了小娟的功劳,但结果是小娟没有想到的,也是她自己没有想到的。抢占他人的功劳,就像是偷了人家的东西,毕竟不是你自己的,总会有种陌生感,这也使得抢占功劳的人很快现出原形。女人,要学会做一个坦坦荡荡的人,面对不是自己的功劳,就不要挖空心思去占有,否则只会损人损己。不抢功,不夺功,做一个高情商的女人,这样不仅人际关系好,而且你会永远立于不败之地。

抢占他人功劳,对于每一个女人来说都是自毁前程的事情。与其挖空心思去霸占别人的劳动果实,还不如自己努力,争取赢得比这更荣耀的功劳。有时候,承认自己能力有限,这并不是很掉价的事情,也不会让你没有脸面。而如果你做出了抢占他人功劳的糗事,就会让你再也无法抬头见人了。学会着做一个高情商的女人,坦坦荡荡,不卑不亢,用自己的言行彰显着无与伦比的美丽。

虽处逆境，风采依然迷人

每个人的人生总不会是一帆风顺，在路途中，难免会遭遇一些困难与挫折，使自己陷入逆境之中。一夜之间失去了最亲的人，工作走入了低谷，情感上遭遇了变故，被最好的朋友出卖了等。作为一个女人，一旦你遭遇了其中的某一件事，就会感到痛苦不堪。但是，不同的女人面对逆境有着不同的心态。有的女人遇到一点不如意的小事，就处处抱怨，沉浸在内心的痛苦之中，失去了生活的勇气，丢失了自信，从此一蹶不振；而拥有高情商的女人则相反，她把每一次失败当做尝试，即使身处逆境，她也一样笑得灿烂，风采依旧。这就是不同心态的女人。所以，不同的心态就注定了她们不同的结局。很久之后，前面那种女人越来越落魄，几乎到了生命的尽头；而后者则一脸阳光，坦然走在通向成功的路上，活得越来越好。相信每一个女人都愿意做后者，不愿意做一个向命运低头的女人。所以，从现在开始，培养一份坚忍的意志，即使自己处于逆境之中，风采也依然迷人。

女人，你的名字并不是弱者，所以，你依然可以成为生活中的强者。也许你的生活并不富裕，也许你正处于困境中，也许你被爱人抛弃了，也许你现在丢了工作，也许还有很多也许。但无论你处于什么样的境地，都要学会微笑面对逆境，昂头挺胸，从容不迫地生活着。每个人心中都有一片蓝天，只要你努力地支撑起这片蓝天，任何逆境都是打击不了你的。因为，内心的强大才是真正的强大，请你对生活少一份失望，多一份憧憬；少一份烦恼，多一份快乐；少一份焦虑，多一分希望。愈是身处逆境，愈要活得精彩，即便是现在你正处于人生最低谷，你展现给人们的依然是迷人的风采和那颗永远不怕输的心。

叶乔波在 10 岁的时候就踏上了滑冰场，她是个追求完美的女孩子。当初那严酷的训练也让年幼的她疲于奔命，但为了踏上滑冰场，完成心中的梦想，她咬着牙坚持了下来。18 岁那年，她的颈椎受伤了，在北京、沈阳几家大医院诊断，都被告知了相同的结论：如果再继续练滑冰，将有瘫痪的危险。于是，摆在她面前的是继续与放弃这两个艰难的选择，但生性不服输的叶乔波选择了前者。

在1988年，本来已经进驻冬奥会选手村三天的叶乔波突然被国际滑联取消参赛资格，并被罚停赛15个月，理由是她所用的中药里含有禁药成分。即将踏上自己的人生舞台之时，却被告知失去了资格，这次打击无疑是十分严重的。对于23岁的她，似乎承受不起，因为自己已经没有多少运动生涯了。面对这样的结果，叶乔波欲哭无泪，但她并不是没有就此放弃。辛苦训练四年之后，她又一次站在了冬季奥运会上，准备充分的她以一连串令人震惊的成绩，让世人刮目相看。这时候，她已经28岁了，困扰着她的依然是艰难的去留选择，她考虑了很久，最终以超人的毅力留了下来，并为自己设定了更高的目标，超越荣誉的决心使她战胜了病痛。

在一次又一次的比赛中，她用自己的身体演绎了完美的神话。即使受着病痛的折磨，她依然展现出最迷人的风采，用不断的奋斗来充实自己的人生。

她有超越自我的信心，所以不再患得患失，她所完成的是一项神圣的事业。她坚信，即便自己身处逆境，只要不断奋斗，就一定能发挥出自己的价值。叶乔波将自己的乐趣建立在追逐目标的奋斗中，建立在实现目标的那一刻。天空不会一直是阳光灿烂，偶尔会有阴天、雨天，甚至还会闪电、雷鸣，但是美丽彩虹依然出现在雨后的天空。人生也是一样的，并非顺顺利利，有些挫折、有点困难，甚至是荆棘满地，但只要你踏着坚定的步伐，从容不迫地向前走去，就一定能走出逆境，欣赏最美丽的彩虹。

女人，你要明白身处逆境并算不了什么，我们完全可以把逆境当作人生的第一堂课。你在逆境中遭受的挫折，比在顺境中唾手可得的成功更能磨炼出坚强的个性，那绝对是最珍贵的财富。逆境与顺境并没有明确的分界线，有时候，虽然你身处逆境，但如果你能化困难为动力，自我激励，跨越障碍，就能实现逆境向顺境之间的成功转变。

展示自己，并不需要贬低他人

每个女人都喜欢展示自己，表现自己，渴望来自他人的关注与认可。因为在某种程度上，一个人是否有能力，是别人来评价的。但是，有的女人在展示自己的时候，往往会以别人为垫脚石，她踩在别人的头上，自以为能够抬高自己、突出自己，殊不知这样会摔得更重。一个人只有脚踏实地地生活，才会赢得别人的欣赏，这是自古不变的道理。喜欢展示自己并不是什么错误的行为，相反，它是一种表现自信的方式。但是，如果你展示自己的同时，贬低了他人，那么，你的行为就显得低劣了，这不是一个高情商女人所认可的行为。因为高情商的女人认为，自己的能力是不需要任何陪衬的，可以大方地亮相，并不需要依靠别人来抬升自己。所以，高情商的女人活得潇洒，活得自信，她们总是耀眼在最闪亮的那一刻，但她也会由衷地赞赏他人，而不是贬低他人。

一个高情商的女人，她一定是自信的，她会相信自己的能力是经得起任何考验的，既不需要特意地表现，也不需要借助其他人来衬托自己。所以，即便是直面对手，她也会潇洒自然，从容不迫地释放着自己的美丽，甚至她会为对手的出色而鼓掌欢呼，这是何等的涵养与胸怀。而那些不自信的女人，唯恐人们发现不了自己的出色，硬是在表现自己的同时，忍不住对他人吹毛求疵一番，以此希望全场的焦点集中在自己身上。实际上，正是那愚笨的行为，让人们看透了你低劣的品质，在聚光灯下放大了自己的缺点，展现了你极其自私的一面，这样的人呈现在人们面前，只能被列为不受欢迎那一类人物。

小敏刚刚大学毕业，闲聊在家的她在网上向各大公司投了简历。一边等着通知去面试，一边也四处找着工作。前天，她突然接到了一家很有名气的公司打电话来说，希望她今天能参加公司举办的面试。小敏很高兴，虽然自己不一定能被聘用，但至少这是一次尝试的机会，因为她知道，如果尝试了那说明还有成功的机会,假设连尝试的机会都没有,那肯定是与成功无缘了。

早上八点,小敏早早地来到了公司,与其他一起参加面试的人坐在同一间房间里。这似乎是一次集体面试,所以,当其中一位参加面试的时候,其他人可以观看整个过程。小敏觉得这样很好,可以发现到很多面试中可能出现的问题,尽可能地及时修正。正在小敏思考着怎么说的时候,耳边传来了上一位面试人员的声音,异常清晰流畅,小敏不禁放下了自己的思路,认真听起来。听到了精彩的地方,忍不住鼓掌,引得周围的人面面相觑,那个严肃的面试官也看了她一眼。小敏意识到了自己的行为影响了大家,就立刻缄默不语了。到小敏了,她说的第一句话是为自己刚才的行为向大家道歉,但是同时也表现出对刚才那位面试者的赞赏,随后简单地介绍了自己。面试官提了两个很简单的问题,就让她走了,小敏知道自己没有希望了。

谁知道,第二天,小敏接到了该公司的电话,让她赶往公司参加集训。小敏赶到公司,正好碰到了昨天的面试官。小敏微笑着打招呼,面试官也很友好地点头,并说道:"我想你一定在奇怪为什么我们选择了你,其实答案很简单,是因为你那份为他人喝彩的勇气,很少有人会像你这样做,她们在表现自己的时候,往往喜欢贬低他人,但你是与众不同的。"小敏有些惊讶,原来自己无意间的举动竟会为自己赢得这份工作。

在面试现场,所有的人都在对面试者评头论足的时候,小敏做出了相反的举动,毫不犹豫地为面试者鼓掌喝彩。这是一份难得的勇气,它意味着在看重自己的同时,也毫不吝啬地给予对方以赞赏。也许,很多女人都做不到这一点,因为没有足够宽阔的胸怀,以及那份坦然的心情。所以,大方一点,坦然一点,在展示自己的同时,也要学会为他人喝彩,这不仅仅可以改善你的人际关系,也会为你赢得不错的口碑。

展示自己是一种自信,为他人喝彩更是一种绝对的自信。一个真正有能力的女人,是不需要踩在别人的头上的,也没有必要刻意去贬低他人来抬高自己,她只会依靠自己来获得成功。这是一种坦然的生活态度,更是一种对人生的认真思考。因此,做一个高情商的女人吧,勇敢地展现最真实的自己。

嫣然一笑,别让他人的嫉妒伤害自己

有一种人,他见不得身边的人比他好,比他优秀,好像他们天生就有眼红的毛病。如果你表现得比他出色,职位晋升得比他快,那么,他心里就充满了嫉妒,血液里流淌着愤恨的因子。这样的一种心理促使他故意说一些风凉话,企图破坏你的心情;到处做小动作,希望破坏你的成功;在人前背后议论你的是非,试图毁坏你的良好形象。也许,在我们身边、在工作中,就存在着这样的人,让我们十分讨厌,却又奈何不了。有的女人遭遇到这样的人,就会惶然失措,如果不幸被他语言所伤还会嚎啕大哭,气焰全失;有的女人遇到这样的人会气愤不已,做出同样的举动来报复对方;还有的女人面对这样的人,根本不会在意,嫣然一笑,仍然做着自己应该做的事情。虽然,不同的女人作出了不同的反应,但我们却不得不佩服第三种做法。因为嫉妒者的阴谋就是打击你的气焰、破坏你的形象、毁坏你的心情,如果你做出前面两种鲁莽的行为,那只会让嫉妒者顺利成为你成功路上的绊脚石。所以,应做一个高情商的女人,控制自己的情绪不受嫉妒者的干扰,不要让他人的嫉妒伤害自己。

阿珍和阿敏是大学同学,一起到同一家公司应聘,最后都被录取了。阿珍很高兴,与阿敏一起上下班,还一起合租了房子。阿珍是一位农村姑娘,无论是学习还是工作都很用功,她希望凭着自己的能力改变自己的命运;阿敏的家就在城市,平时喜欢吃喝玩乐,对工作总是缺少那份热情。

三个月过去了,阿珍的努力换来了回报,她被晋升为部门经理的助理,而阿敏还是在原地踏步,做一个普通的员工。阿珍被任命的那天,旁边的阿敏酸溜溜地说:“看来从农村来的姑娘就是不一样,比我这土生土长的城里人有本事多了。”阿珍笑了笑,并没有说话,上下班还是和阿敏一起。后来,因为阿珍工作比较忙,经常加班到很晚,她就没有和阿敏一起下班了。但是,很快办公室里就有了新的传闻,据说阿珍是因为与部门经理关系特别亲密，所以才这么快就爬到了助理的位置。阿珍一个人在卫生间默默地流泪，她当然知道这是阿敏说出去的谣言，但想了一会，还是擦干眼泪，满脸微笑着面对办公室的同事。

很快到年底了，公司准备举办一次活动，作为负责人的部门经理把策划活动的这一重任交给了阿珍。阿珍亲自布置现场，一个人外出购买所需要的装饰品，编排出席活动的人员名单，还有活动的相关事宜。因为每天她都下班很晚，所以就决定跟阿敏分开住了。阿珍全身心投入到活动的策划中去，从来不理会办公室里的人在谈论什么，偶尔遇到了阿敏，她也会抱以友好的笑容。活动在大家的期盼中开展了，由于每一个环节都设计得很到位，所以获得了前所未有的成功。大家对阿珍的能力纷纷赞赏，阿敏还想开口说点什么，却发现大家已经不信任她了。

面对阿敏的嫉妒，阿珍虽然感到心里难过，但她并没有加以理会，而是对阿敏的行为报以微笑。她把所有的精力投入到工作中，以实际行动来证明给别人看，证明自己并不是依靠着什么特殊关系晋升的职位，这也让谣言不攻而破。心中充满着嫉妒的阿敏再也无法取得别人的信任，她也为自己的行为付出了沉重的代价。每一个女人都要学会保护自己，特别是控制那些因为他人的言行而产生的不良情绪，不要让他人的嫉妒来伤害自己，做一个受人欣赏的女人。

交落难英雄，别落井下石

人生不如意十之八九，在这个世界上，凡事不可能顺顺当当、安安乐乐，总是会出现一些纰漏。在你每天的生活中发生一些不愉快的事情是极其正常的，没有什么值得去抱怨。但是，有的女人天生心眼比较小，如果自己遭遇了不愉快，而别人却过得很好，她就会心怀嫉妒；如果自己日子过得春风得意，而看见旁边的人还在困境之中，她就会忍不住暗暗高兴，甚至还会推他一把，企图置人于死地。其实，每个人都有不愉快的时候、不顺利的事情，每个人都会有失意的时候，这是亘古不变的道理。当你看到别人落难了，千万不要落井下石，这是不仁不义的小人行为，也是极端恶劣的行为。你不妨伸出友好的手，拉他一把，帮助他人脱离困境，这才是令人欣赏的行为。

助人为乐乃是人之根本，帮助了别人你会感到快乐，他也会对你心怀感激，更何况对于正在困境之中的人，那无疑是雪中送炭，对方会更加感激你，也会赞赏你的行为。做一个高情商的女人，还需要拥有一份良好的心态，那就是永远怀着一份热忱、友好来对待他人。那些对他人苦难置之不理，或者落井下石的女人，最终会落得个孤立无援的下场。因为以一颗冷漠的心来对待别人，她也将获得同样冰冷的怀抱。人与人之间本来就是相互的，如果你能够对处于困境的他伸出友好的双手，他也会在你陷入困境时给予你一些帮助，这是一种赢得友谊的方式，也是一种最有效的感情投资。

前两天，王姐因为一笔大业务的失败被降职了，从部门经理直接降为普通员工，而恰在这时，老公又有了外遇，让她本来就受伤的心跌进了冰窟窿。办公室里纷纷议论着她老公的桃色新闻，大家都以一种同情的眼光看着她。王姐知道自己已经不再是那个高高在上的经理了，现在只是一个普通员工，她努力摆正心态，但还是觉得心有不甘。

在这时候，部门里以前跟着她做事的小李却一直陪伴着她。小李才到公司一年，可能是因为才出社会不久吧，在她身上还没有沾染上社会中那种不良风气。她个性比较单纯，也懂得知恩图报，才进公司的时候，她一直被王姐照顾着，虽说王姐的脾气不怎么好，但她体谅到了王姐的一片苦心，心里一直很感激。所以，当听说王姐被降职，家里又出了事情时，小李就找到王姐聊天，安慰她，说些话逗她开心。王姐心情不好，没有胃口，小李就从家里做了开胃的饭菜给王姐带到公司来。同事小王劝她："对她那么好干吗，她现在已经落败了，几乎没有重新站起来的一天了，你帮助她只会招来白眼，她又不能帮助你什么。"小李笑着说："王姐以前对我不错，我现在这样对她，也不希望她回报我什么，只是觉得这样心里好受些，再说，谁没有这些事儿啊。"小王撇了撇嘴，没有说话了。

在小李帮助下，王姐渐渐找回了生活的信心。她全身心投入到工作中，逐渐就显露了她优秀的能力，连连为公司拉回来不少大客户。而她以前的职位一直空缺着，上司似乎看到了王姐的努力，决定让她复职。王姐复职后，把小李调到了自己身边，担任助理，王姐十分感激地告诉小李："谢谢你陪我度过人生中最艰难的日子，姐姐永远不会忘记的。"小李看着现在的王姐很欣慰。

王姐被降职了，老公又有了外遇，这简直是祸不单行。办公室里所有的同事都对她避而远之，唯恐沾染上霉气，在这个时候，小李并没有弃王姐于不顾，而是细心照顾王姐，陪伴她渡过了那最艰难的日子，帮助王姐重新找回了自我。所以，通过自己努力而最终获得成功的王姐并没有忘记小李的恩情，她永远不会忘记那个在自己最困难的时候帮助过自己的人。这就是人情的力量，当你对落难朋友给予帮助的时候，实际上也是在帮助自己。

要点"心计"，回应丈夫的"小动作"

也许，你和丈夫是青梅竹马，他就是你的初恋，你是他一生的至爱；也许，你和丈夫曾经爱得轰轰烈烈，堪称惊天动地的爱情；也许，你和丈夫经过了马拉松的爱情长跑，才建立了温馨的家庭。但是，再深厚的感情也经不住岁月的流逝，当日子一天天过去，本来炽热的激情已经平淡了下来，逐渐过着一种枯燥乏味的生活；而且，还有许多来自外面世界的种种诱惑，男人不免会心猿意马，把当初的恋爱誓言抛到九霄云外了。察觉到丈夫那些快要出轨的小动作，你该如何处理呢？一哭二闹三上吊是女人惯用的招数，可这只会让男人更加厌烦你，从而加剧了感情的破裂，而且你也保证不了他不会再出现这样的情况；请私家侦探跟踪，找出确凿的证据，再跟他理论，可是这样做会使你们之间的信任瞬间垮塌，事情也会变得更加严重，最后只能以离婚收场；不闻不问，置之不理，不但助长了他的气焰，也使自己的婚姻生活如同行尸走肉。那么，什么样的办法能让他乖乖就范，及时停住脚步，主动回到你的身边呢？这就需要你做一个聪明的女人，要点“心计”，回应丈夫的那些“小动作”。

幸福的婚姻生活是需要自己用心去经营的，如果你任凭感情流逝，那只能每日顾影自怜，哀叹自己是天底下最不幸的女人。对待丈夫也是同样的道理，你不肯花些心思，那肯定是无法挽留他远去的脚步。有时候，丈夫面对外面的花花世界，也会看花了眼，回到家里仍留恋着外面的世界，还会在日常行为中露出异常。这时候，你不妨要点心计，假装不知道实情，既不找他哭闹，也不要直接摊开来说，而是默默地执行着自己的计划。当丈夫有了些小动作，你可以反思一下自己，是否自己已经忽视了穿衣打扮，熬成了一个黄脸婆；是否因为忙碌而忘记了交流感情；是否家里的饭菜一日不如一日了。这样找出原因，再一一对症下药，那么再优秀的女人在旁边，丈夫也能一心一意地对你了。

小文毕业了就嫁给了自己的导师，两个人相濡以沫，居住在那狭小的三十几平的小房子里。小文却从来没有诉过苦，只觉得很幸福。后来，老公准备下海经商，小文也是全力支持，把自己多年的积蓄全部给他，尽心照顾好他身后的那个家。没过几年，老公已经独自经营了一个不错的公司，生活也迎来了崭新的一页。

不过，小文偶尔会听到老公的事情，不管是闺蜜还是公司的员工都告诉小文，老公身边有了新人了。小文也经常听老公说起那个女人，她是公司的合作伙伴，有着美丽的外表、显赫的家世。后来，她在一次聚会上见到了真人，那个骄傲的女子在小文面前毫不掩饰自己的感情，似乎正式向小文叫板了。小文笑着，展现着高雅而自信的姿态。

小文还是老样子，只不过做了新的头发，换了新的衣服，看起来就像大学时那么美丽可爱；她开始变着花样做菜，知道老公外面应酬都是比较油腻的食物，她特意做了清淡的饭菜，让回家的老公赞不绝口；周末的时候，她会邀请老公带着自己和女儿一起开车出去郊游，如果老公实在抽不开时间，她一个人也带着女儿出去，母女俩玩得很开心；她开始重拾英语，从结结巴巴的口语居然练到了能用英语与老外交流的程度；偶尔与好朋友参加旅游团，并不忘记给老公和女儿带回礼物。

面对小文如此的变化，老公回家越来越勤了，经常推了应酬回家来吃饭，周末时也乐意与小文和孩子待在一起享受快乐。那个女人的名字几乎没有听说过了，老公几次想解释什么，但都被小文打断了。小文微笑着，幸福从来没有远离自己。

高情商的女人善于掌控自己的感情，她们不依附在男人的身上，而喜欢做独立的自我。当她们享受着那份独立的心情时，也赢得了自己的幸福，这就是高情商女人的高明之处。所以，抓住男人心的最佳办法就是活出自己的精彩，尤其是那些婚后的女人，当你发现了丈夫的小动作时，不妨试试做一个高情商的女人，要点心计，把握住自己的幸福。

适当"无情"，做高情商女人

女人天生就是富于情感的，多愁善感似乎成了女人的代名词。情感，对于女人来说，成了绝对致命的诱惑，这可以体现在女人的做事风格上。大多数女人都喜欢感情用事，冲动之下做出一些让自己追悔莫及的举动。尤其是对于自己的爱情，女人更是被冲昏了头脑，她恨不得自己是为了爱情而生的，即使自己一生都献给了爱情，她也觉得没有任何遗憾。有人说陷入爱情的女人，智商几乎为零，实际上，这时候她的情商也很低，所以，才会出现那么多为了爱情而奋不顾身的女人。其实，女人也要学会适当的无情，特别是在自己的爱情城堡里，不要总是在情感上依赖男人，这会让你失去自我，而且过度地依赖还会让你失去男人的爱。这里的无情并不是说没有感情，而是减少自己在情感上对男人的依赖，学会做一个高情商的女人，只有控制了自己的情感，才会找到属于自己的幸福。

有的女人喜欢显露出母性，她们在某些时候把男人当作了自己的孩子：无微不至的关心、快要溢满的爱、细心的呵护。女人认为这就是爱情，但是实际上，你那所谓的爱会成为一种枷锁，禁锢着男人的自由。总有一天，男人会挣断那沉重的枷锁，寻找着自己的自由。所以，不要把自己的情感依附在男人身上，学会经营自己的感情生活，适当的时候，可以无情。你可以假装不关心他的行踪，即使出门在外，你也可以不打一通电话，那么他自然会主动打电话告诉你他的行踪；你可以假装不在意他的生活，随性地独自一个人外出旅游，也许你刚下飞机，他就迫不及待地期待你回去；你可以假装不关心他的情感世界，即便在他身边隐藏了对手，你也不闻不问，依然过着自己精彩的生活，那么他会主动停下向外走的脚步，欣赏你的风景。高情商的女人善于掌握自己的情感，以自己的“无情”换来美丽的爱情，这就是她们的聪慧之处。

三个女人坐在一起聊天，一个女人抱怨：“最近，我老公也不知道怎么了，一天到晚也不往家里打个电话，我打电话追问，他还显得很不耐烦，我担心他是不是有了外遇，可是又找不到证据，害得我没有心思上班，也没有心情逛街，一个人闷得很。”另外一个女人也附和：“是啊，男人都是这样，结婚之前，他对你百依百顺，结婚之后就现出原形了，我现在可看透了。我也不管他在哪里，跟什么样的人鬼混，反正我带着女儿就知足了，老实说，想着自己过着这样的婚姻生活，真是痛苦，还不如趁早离了算了。”两个女人像找到了知己，一个劲儿地说男人的坏，第三个女人微笑着听她们的抱怨。

一会儿，那两个女人突然转向第三个女人：“你呢，说说你呗。”一个女人有些羡慕地说：“我就是羡慕你，即使那么拼命地为自己事业奔波着，可还是有个男人这么爱你，我要是能有你这样的生活，我就不上班了，干脆回家做全职太太去。”另外一个也笑着说：“是啊，我觉得你对你老公可有点狠心，每次公司出差就是十天半个月，只留下他一个人在家里，上次听说你还一个人去欧洲玩了几天，怎么不和老公一起去呢？”第三个女人一直没有说话，这时候见两位朋友都看着自己，她笑道：“如果我辞职了回家做全职太太，也许他就没有那么爱我了，他爱的就是这样的我，男人需要自由，我也需要自由，偶尔的时候，让彼此有个轻松的假期，会让他更加思念你。”她喝了一口咖啡，继续说道：“我觉得吧，你们都因为对男人太好了，把自己的感情都放在男人身上，这样会让你们自己觉得烦闷，也会让男人受不了的。像我这样，看似很无情的行为，实际上才是男人最喜欢的相处方式，男人都渴望自由，不妨给他自由的空间，这样反而会让他觉得你好。”几句话说得那两个女人一愣，心里开始认真思考起来。

懂得适当无情的女人，总是能赢得属于自己的幸福，因为她们在无情的同时，给予了男人一个比较自由的空间。当然，这种无情是有限度的，只能是适当地无情，如果你真的做了一个无情的女人，那么你也成了幸福的绝缘体了。所以，学会适当地无情，做一个高情商的女人。

参考文献

[1] 宿春礼,熊永鑫.性格决定命运全集[M].哈尔滨:黑龙江科学技术出版社,2007.

[2] 吴淡如.性格决定幸福[M].南昌:21世纪出版社,2008.

[3] 吴维库. 阳光心态[M].北京:机械工业出版社,2006.

[4] 李欣频.十四堂人生创意课[M].北京:电子工业出版社,2008.

[5] 李开复.做最好的自己[M].北京:人民出版社,2005.

[6] 金韵蓉. 幸福女人的芳香生活[M].北京:中信出版社,2005.